U0230482

生态农业丛书

国家出版基金项目
NATIONAL PUBLICATION FOUNDATION

现代生态农业研究与展望

李文华　主编

科　学　出　版　社
龍　門　書　局
北　京

内 容 简 介

在生态文明战略、乡村振兴战略和"两山"理论的指导下，中国的现代生态农业进入了新的历史发展时期。本书回顾了生态农业在国内外的发展趋势，分析了新时代生态农业发展的需求，提出了现代生态农业的概念内涵、特征标准与典型模式。本书重点分析了不同区域生态农业发展状况、发展方向与实现路径，并全面评估了生态农业的经济价值、生态价值、社会价值和文化价值，最后提出了生态农业向产业兴旺、生态宜居、生活富裕发展的保障措施。

本书内容丰富，可供农、林、牧、副、渔业等相关专业及其相关领域的教学、科研、生产人员及各级管理者参考使用。

图书在版编目（CIP）数据

现代生态农业研究与展望 / 李文华主编. —北京：龙门书局，2024.5
（生态农业丛书）
国家出版基金项目
ISBN 978-7-5088-6414-3

Ⅰ. ①现… Ⅱ. ①李… Ⅲ. ①生态农业-研究-中国 Ⅳ. ①S-0

中国国家版本馆 CIP 数据核字（2024）第 041527 号

责任编辑：吴卓晶　柳霖坡 / 责任校对：马英菊
责任印制：肖　兴 / 封面设计：东方人华平面设计部

科学出版社
龙门书局 出版
北京东黄城根北街 16 号
邮政编码：100717
http://www.sciencep.com
北京中科印刷有限公司印刷
科学出版社发行　各地新华书店经销

*

2024 年 5 月第 一 版　开本：720×1000　1/16
2024 年 5 月第一次印刷　印张：14 1/2
字数：290 000
定价：189.00 元
（如有印装质量问题，我社负责调换）
销售部电话 010-62136230　编辑部电话 010-62143239（BN12）

生态农业丛书
序　言

　　世界农业经历了从原始的刀耕火种、自给自足的个体农业到常规的现代化农业，人们通过科学技术的进步和土地利用的集约化，在农业上取得了巨大成就，但建立在消耗大量资源和石油基础上的现代工业化农业也带来了一些严重的弊端，并引发一系列全球性问题，包括土地减少、化肥农药过量使用、荒漠化在干旱与半干旱地区的发展、环境污染、生物多样性丧失等。然而，粮食的保证、食物安全和农村贫困仍然困扰着世界上的许多国家。造成这些问题的原因是多样的，其中农业的发展方向与道路成为人们思索与考虑的焦点。因此，在不降低产量前提下螺旋上升式发展生态农业，已经迫在眉睫。低碳、绿色科技加持的现代生态农业，可以缓解生态危机、改善环境和生态系统，更高质量地促进乡村振兴。

　　现代生态农业要求把发展粮食与多种经济作物生产、发展农业与第二三产业结合起来，利用传统农业的精华和现代科技成果，通过人工干预自然生态，实现发展与环境协调、资源利用与资源保护兼顾，形成生态与经济两个良性循环，实现经济效益、生态效益和社会效益的统一。随着中国城市化进程的加速与线上网络、线下道路的快速发展，生态农业的概念和空间进一步深化。值此经济高速发展、技术手段层出不穷的时代，出版具有战略性、指导性的生态农业丛书，不仅符合当前政策，而且利国利民。为此，我们组织编写了本套生态农业丛书。

　　为了更好地明确本套丛书的撰写思路，于2018年10月召开编委会第一次会议，厘清生态农业的内涵和外延，确定丛书框架和分册组成，明确了编写要求等。2019 年 1 月召开了编委会第二次会议，进一步确定了丛书的定位；重申了丛书的内容安排比例；提出丛书的目标是总结中国近 20 年来的生态农业研究与实践，促进中国生态农业的落地实施；给出样章及版式建议；规定丛书撰写时间节点、进度要求、质量保障和控制措施。

生态农业丛书共 13 个分册，具体如下：《现代生态农业研究与展望》《生态农田实践与展望》《生态林业工程研究与展望》《中药生态农业研究与展望》《生态茶业研究与展望》《草地农业的理论与实践》《生态养殖研究与展望》《生态菌物研究与展望》《资源昆虫生态利用与展望》《土壤生态研究与展望》《食品生态加工研究与展望》《农林生物质废弃物生态利用研究与展望》《农业循环经济的理论与实践》。13 个分册涉及总论、农田、林业、中药、茶业、草业、养殖业、菌物、昆虫利用、土壤保护、食品加工、农林废弃物利用和农业循环经济，系统阐释了生态农业的理论研究进展、生产实践模式，并对未来发展进行了展望。

本套丛书从前期策划、编委会会议召开、组织编写到最后出版，历经近 4 年的时间。从提纲确定到最后的定稿，自始至终都得到了 李文华 院士、沈国舫院士和刘旭院士等编委会专家的精心指导；各位参编人员在丛书的撰写中花费了大量的时间和精力；朱有勇院士和骆世明教授为本套丛书写了专家推荐意见书，在此一并表示感谢！同时，感谢国家出版基金项目（项目编号：2022S-021）对本套丛书的资助。

我国乃至全球的生态农业均处在发展过程中，许多问题有待深入探索。尤其是在新的形势下，丛书关注的一些研究领域可能有了新的发展，也可能有新的、好的生态农业的理论与实践没有收录进来。同时，由于丛书涉及领域较广，学科交叉较多，丛书的撰写及统稿历经近 4 年的时间，疏漏之处在所难免，恳请读者给予批评和指正。

生态农业丛书编委会

2022 年 7 月

前　言

　　农业是国民经济的基础。经历了从原始的刀耕火种、自给自足的个体农业到现代化农业，通过科学技术的进步和土地利用的集约化，人类社会在农业生产上取得了巨大的成就，但建立在消耗大量资源和能源基础上的现代化农业也带来了一些严重弊端，并引发了生物多样性减少、水土资源流失等一系列具有全球特点的生态环境问题。造成这些问题的原因是多样的，其中农业的发展方向与道路成为思索的焦点。人们迫切寻求农业可持续发展之路，并终于认识到农业必须走资源匹配、环境友好、食品安全的生态农业之路，实现农业的生态转型。

　　中国是世界农业的重要起源地之一。长期以来，中国劳动人民在农业生产活动中，为了适应不同的自然条件，创造了至今仍有重要价值的农业技术与知识体系。这些在长期的农业实践中积累起来的朴素而丰富的经验不仅体现了中国的传统哲学思想和保护自然的优良传统，而且对全球农业的可持续转型与发展产生积极影响。美国农业专家富兰克林·H.金（Franklin H King）在 1907 年前后到中国考察时，很惊讶中国的农业能够延续数千年而长久不衰，他撰写的《四千年农夫——中国、韩国和日本的永续农业》赞颂东方农耕是世界上最优秀的农业，东方农民是勤劳智慧的生物学家。英国植物学家阿尔伯特·霍华德（Albert Howard）撰写的《农业圣典》是农业领域公认的经典和有机农业的开山之作，他在深入研究东方长期农业实践后总结提出的"混合种植""种养平衡""肥力保持"等观点为后续世界范围的农业转型和农业可持续发展指明了基本方向。类似的著作对后来工业化国家的替代农业、有机农业、可持续农业的发展具有重要的启发作用。

　　20 世纪 80 年代初，随着一些农业现代化的弊端开始显现，以马世骏为代表的学者指出，要以生态平衡、生态系统的概念与观点来指导农业的研究与实践。1981年，马世骏在农业生态工程学术讨论会上提出了"整体、协调、循环、再生"生态工程建设原理，并在之后出版的《中国的农业生态工程》一书中对其进行了深入阐述。1982年，叶谦吉在农业生态经济学术讨论会上发表《生态农业——我国农业的一次绿色革命》一文，首次提出"生态农业"的概念，之后又陆续出版了《生态农业——农业的未来》等重要著作。1991年5月，马世骏和边疆共同拟订了中国生态农业的基本概念：生态农业是因地制宜应用生物共生和物质再循环原理及现代科学技术，结合系统工程方法而设计的综合农业生产体系。这一概念的核心部分被写进2006年农业部颁布的《全国生态农业建设技术规范》，成为全国开展生态农业建设的行为规范。

在生态农业的实践方面，农业部等七部委（局）于1993年组成了"全国生态农业县建设领导小组"，启动了第一批51个生态农业县建设工作；2000年，国家启动了第二批50个生态农业县建设工作，同时提出在全国大力推广和发展生态农业。2020年，农业农村部发布了《生态农场评价技术规范》，并在2021年公布了第一批经过评审后获得生态农场称号的132家生态农场。2022年初，农业农村部印发了《推进生态农场建设的指导意见》，指出推进生态农场建设是贯彻习近平生态文明思想的重要举措，是探索农业现代化的有效路径，是推进农业绿色发展的有力抓手。在此期间，学者们在广泛的生态农业实践中，总结出带有普遍性的经验，并把它上升到理性认识，尤其是将生态农业实践与农村发展、农民致富和环境保护、资源高效利用融为一体，基本形成了中国的生态农业理论。

当前，在生态文明建设、乡村振兴战略等高瞻远瞩的政策指引下，我国的生态农业迈进了新的历史发展时期。我们肩负着应对全球气候变化的艰巨任务，肩负着增强农业粮食体系韧性的现实任务，肩负实现节能减排的历史任务。生态农业应当且能够做出应有的贡献。为此，我们联合了国内曾经或仍然从事生态农业理论研究、生产实践与组织管理的一批专家，编写了《现代生态农业研究与展望》。我们希望能够系统整理并不断完善我国生态农业的理论与方法，认真总结过去40多年来生态农业发展的成功经验和存在问题，分析生态农业发展所面临的新问题，找出新时期生态农业发展的突破口，根据各地社会经济水平和生态环境条件确定生态农业建设的思路与途径，为我国"三农"事业发展做出贡献，同时也为全球的农业绿色发展提供借鉴。

当然，囿于作者的专业水平和学科视角，书中难免有疏漏和不足之处，恳请各位读者批评指正。

《现代生态农业研究与展望》编委会

2023 年 3 月

目　录

第1章

绪　　论

1.1　国际可持续农业的兴起

当前，可持续发展已经成为世界上大多数国家的共识和主导潮流。"三农"（农业、农村和农民）作为可持续发展的首要问题，已被提到各国的议事日程上来。20 世纪，人类虽然创造了史无前例的科学技术进步和巨大的财富，但与此同时也承受着人口数量 4 倍增长和世界经济 14 倍增长所带来的压力。从古至今，世界农业经历了从原始的刀耕火种、自给自足的个体农业到常规的现代化农业，人们通过科学技术的进步和土地利用的集约化，在农业上确实取得了巨大的成就，但建立在消耗大量资源和石油基础上的现代化农业也带来了一些严重的弊端，引发一系列具有全球特点的问题，包括土地的减少、荒漠化在干旱与半干旱地区的发展、环境的污染、生物多样性的丧失，以及气候变化的威胁等。粮食短缺、食品安全和农村收入低等问题仍然困扰着许多国家。造成这些问题的原因是多样的，其中农业的发展方向与道路成为人们思索与考虑的焦点。近百年来，世界各国在总结过去的经验与教训的基础上，相继提出了具有创新意义的所谓替代性农业的理论，常见的如有机农业（organic agriculture）、生物农业（biological agriculture）、自然农业（natural agriculture）、生态农业（ecological agriculture）、复合农业（complex/integrated/mixed agriculture）和可持续农业（sustainable agriculture）等。尽管它们的概念和内涵不尽相同，但是都反映了适应时代变革的迫切愿望和探索农业可持续发展的强烈愿望。1991 年，在荷兰召开的农业与环境国际会议上联合国粮食及农业组织（Food and

Agriculture Organization of the United Nations，FAO）确定了可持续农业的三大目标：①积极增加粮食产量，确保粮食安全，消除饥荒；②促进农村综合发展，增加农民收入；③合理利用、保护自然资源，创造良好的自然环境，以利于子孙后代生存和发展。2002 年 8 月，在南非约翰内斯堡召开的联合国可持续发展世界首脑会议（又称"Rio+10"会议）上，联合国秘书长安南把当代的环境问题归纳成 WEHAB，即水（water，W）、能源（energy，E）、健康（health，H）、农业（agriculture，A）和生物多样性（biodiversity，B），所有这些都与农业有着直接的联系。

人们越来越认识到农业生产的目标，如下：①提高产量、满足人们对粮食和农产品的数量需求；②提高粮食产品的质量、确保食品安全；③提高土地产出率、获得经济利益；④发挥生态系统的多种环境服务功能。为了实现农业与资源、环境的协调发展，许多国家相继制定了一系列的法律法规、操作技术和标准来规范农业生产行为。

1.2   中国生态农业的发展

我国自古就有保护自然的优良传统，并在长期的农业实践中积累了朴素而丰富的经验，然而把这种朴素的经验上升到科学和理论的高度却是现代的事。20 世纪 70 年代后期，以著名生态学家马世骏为代表的我国学者就指出，要以生态平衡、生态系统的概念与观点来指导农业的研究与实践；1980 年，在银川召开的"全国农业生态经济学术讨论会"上正式提出了中国的"生态农业"这一术语；80 年代，学术界就生态农业进行了广泛的讨论和小规模的试验；进入 90 年代以后，生态农业建设得到了迅猛的发展，其突出的标志就是农业部等七部委联合开展的全国生态农业县试点工作，全国 2000 多个县、乡、镇先后实施了生态农业建设，并探索出适应各地自然生态条件和社会经济发展水平的技术模式。中国的生态农业具有显著的特点，它是一个将农业生产、农村经济发展和环境保护、资源高效利用融为一体的新型综合农业体系。

1.3 中国生态农业的主要成就与存在的问题

尽管对生态农业的系统研究只是近几十年的事情，但由于其得到科技界的高度重视、各级政府的有力推动和农民的积极参与，在理论研究、工程模式、技术集成、生产管理等方面都取得了明显成效，特别是形成了许多不同类型的生态农业模式，建立了不同规模的生态农业试点，而且在经济、社会和生态环境等方面都有很大程度的改善和提高。

这些成就的取得充分显示了生态农业理论的正确性、应用的可行性、勃勃的生机和巨大的发展潜力，集中体现了我国农民、科技人员和领导干部的创造力，代表了我国农业可持续发展的方向。同时，中国生态农业的成功实践还得到了国际社会的广泛关注和高度评价。联合国教育、科学及文化组织（United Nations Educational, Scientific and Cultural Organization，UNESCO）（简称联合国教科文组织）称"中国生态农业在可持续发展中起到了先锋作用"，并已经将其列为联合国环境规划署（United Nations Environment Programme，UNEP）和 UNESCO 系列丛书的一部分，专门向国际社会介绍。

同时也应当看到，我国的生态农业不论在理论研究还是在生产实践方面，都存在着需要进一步发展与完善的问题。这些问题集中表现在下面几个方面。

（1）重生产，轻市场。因为受长期的计划经济和"以粮为纲"指导方针的影响，重生产特别是注重粮食生产的观念根深蒂固，而对市场的信息收集、预测和调节一直很弱。虽然近年农村经济发生了较大变化，但这种现象并没有发生根本的改变，突出地表现为生态农业的产业化水平低、农业生产的综合效益低等。

（2）重生产功能，轻生态功能。以前我国农业生产的主要目的是解决人们的吃饭问题，粮食安全主要表现为粮食数量保障的安全，在生态农业发展过程中，也以追求粮食生产数量为主，而对农业的多种生态环境服务功能没有给予充分的重视。

（3）重产量，轻质量，缺乏统一的管理标准。由于人口的增长速度超过了粮食产量的增长速度，人们对包括生态农业在内的农业生产更多的是关心粮食生产数量的问题，而对粮食质量并没有给予足够的重视，更缺乏统一的粮食评价标准。

（4）重模式，轻技术。在过去 20 多年生态农业的发展过程中，为适应不同地区的自然条件与社会经济条件，开发了许多以物种组合为特色的生态农业模式，而相比之下，却并没有发展出多少具有推广价值的、真正意义上的生态农业配套技术。

（5）重系统内部结构的调整，轻部门之间的产业耦合。我国农业（包括一般意义上的大农业）的发展基本格局一直都是以种植业为核心，而对包括工业、商业在内的其他部门之间的联系则不够重视，这在生态农业的发展过程中也有表现，尽管近几年已经开始了一些有益的探索，但仍显不足。

（6）重行政管理，轻市场激励与调节。在我国的生态农业发展过程中，政府一直起着重要的作用，建立了一套较为完善的管理体系，对生态农业的发展起了积极的作用，但是，对如何利用市场这一"无形的手"的调节作用，还缺乏研究，更缺乏实践。

（7）重生产实践，轻理论研究。生态农业虽然越来越多地被广大群众和领导层所接受，但是其自身的理论建设明显落后。例如，生态农业的概念界定至今仍然没有统一，从而导致一些误解的产生：一是将生态农业过分简单化，仅把生态农业作为一项农业生态环境保护的具体措施，认为只要在过去的基础上增加一点环保的内容就是生态农业了；二是过分夸大生态农业的作用，认为它无所不包，把本属于其他部门的作用也包含在内；三是把中国的生态农业同国外有机农业、生态农业等同起来，认为我国的生态农业要等到整个经济和农业生产力水平达到相当高的程度以后才有可能得到发展，对我国当今发展生态农业的紧迫性、可行性持怀疑甚至否定的态度。

1.4 新时期中国生态农业的机遇与展望

进入 21 世纪以来，受经济与环境问题的全球化、科学技术的快速发展和产业发展的生态化等影响，国际农业发展进入了一个新的阶段，在这种形势下，我国农业生产的任务与农业发展背景都发生了相应的变

化，这既为我国生态农业发展提供了新的机遇，也使之面临严峻的挑战。我国的生态农业面临着自我发展和与时俱进的问题。我国农业生产的任务与农业发展背景发生的变化，主要包括以下几个方面。

一是经过多年的科学研究和广泛的农业生产实践，我国已经基本解决了温饱问题，农业综合生产能力提高，农产品基本实现了总量平衡且丰年有余，农业生产正在从以数量为主要目标向以质量为主要目标转变。当前亟待解决的任务是通过调整农业产业结构，引进和开发适用技术，来提高农业生产效益，提高农产品的质量与保障食品安全，加强农产品的国际竞争能力，发展农村经济，增强农业抵御自然灾害的能力。

二是农业资源环境形势依然严峻，"局部改善、总体恶化"的基本格局没有实质性的改变，但是人们的环境意识普遍提高，我国在生态环境建设方面加大了投资和实施力度。我国正处在从生态赤字走向生态恢复与保育的转折点，改善农村和农业生态环境、促进农村社会的可持续发展是当前的一个主要任务。

三是科学技术的迅速发展，特别是以信息技术、生物技术为代表的高新技术的迅速发展，将会极大地促进生态农业的发展。与此同时，生态农业的发展也面临着这些高新技术应用所可能带来的一些新问题。因此，应当重视转基因技术、信息技术和其他技术对农业生态系统影响的研究，特别是对其潜在的负面影响应及时采取防范措施。

四是在当前国际环境背景下，农业问题对我国来说是最敏感和影响最明显的问题之一。我国于 21 世纪初加入世界贸易组织（World Trade Organization，WTO），这为我国农业和农村发展提供了良好的机遇，主要表现如下：有利于更好地合理配置各项农业资源并充分发挥其优势；有利于加强国际科技合作与交流；有利于扩大劳动密集型产品出口；有利于加快农业产业结构调整和产业优化升级的步伐；有利于利用国内、国外两种资源，开拓国内、国外两个市场。但当前，农业与农村发展面临着前所未有的挑战，主要表现如下：由于农产品的质量和安全管控限制、农业生产规模和技术限制，所以许多农产品的价格超过了国际市场的水平；农业管理体制的落后，加之层出不穷的国际贸易壁垒和技术壁垒的干扰，使农产品出口明显受阻；国际贸易的发展使大量外来物种引入，外来生物入侵问题有加速的趋势。同时，在国际市场的竞争条件下，我国传统农产品和某些具有丰富生态学内涵的结构与模式受到越来越严重的冲击。

总体而言，我国生态农业的传统发展思路与管理方式已经不能适应新时期的要求。在生态文明建设理念、乡村振兴战略和"两山"理论的指导下，我国生态农业发展应当努力实现3个方面的转变：①从追求产品数量向追求产品质量的转变；②从面向国内一个市场向面向国内、国外两个市场的转变；③从单一以生产功能为主向生产、生态等复合功能的转变。

第 2 章

生态农业国内外发展趋势

2.1 国外生态农业发展趋势

2.1.1 国外生态农业的发展历程

1. 国外农业的生态转型

国际上对生态农业的探索可追溯到工业化初期，而有意识和系统性地开展生态农业研究与实践活动则是在 20 世纪中叶后。在初始探寻替代农业的过程中，民间组织和一些关键人物发挥了重要的作用，正是他们自下而上的不懈探索所形成的星星之火，才成就了如今生态农业发展的燎原之势，如日本冈田茂吉（Mokichi Okada）首创的"自然农业"、美国罗代尔父子（Rodale J I 和 Rodale R R）进行的"有机农业"实践、奥地利鲁道夫·施泰纳（Rudolf Steiner）提出的"生物动力学农业"和欧洲的"生态农业"等理论和实践活动，对生态农业发展产生了极大的影响。

美国生态农业建设的民间行动颇具典型性，除罗代尔父子的卓越实践外，另一个民间组织亨利·华莱士（Henry A. Wallace）替代性农业研究所于 1985 年发起并创办了《美国替代农业学报》（*American Journal of Alternative Agriculture*），这是国际上第一份关于可持续农业的专门刊物。美国经济学家莱斯特·布朗（Lester Brown）于 1980 年创办的民间性质的"世界观察研究所"（World Watch Institute）更是联合了美国国内关于资源和环境保护方面的精英，从 1984 年起撰写了《世界现况》（*State of the World*），每年出版，详尽分析粮食生产、水资源、灾害、污染、水土流失、森林植被、渔业资源等涉及可持续发展的问题。由于观点超前、分析精辟、见解独到，广受欢迎，该系列书被同时翻译成几种文字（包括中文），在全球发行。在美国，莱斯特·布朗被誉为"当代最有影响力的思想家之一"。可以说，自发地实践可持续农业的农民及组织大量涌现并发挥独特作用，是美国可持续农业发展的一大特色。

直到 20 世纪 80 年代后期，FAO 仍然坚持其一贯的宗旨——以努力提高各国的农业生产水平为己任。在践行这一宗旨的过程中，虽然各国粮食生产水平提高显著，但与此同时传统农业生产方式所带来的资源浪费与环境恶化等问题也使其受到越来越多的批评和指责。1987 年，世界环境与发展委员会（World Commission on Environment and Development，WCED）发表了《我们共同的未来》（*Our Common Future*）报告。1989 年，联合国大会通过 44/228 号决议，决定召开联合国环境与发展大会。随后 FAO 于 1991 年在荷兰登博斯召开了"农业与环境发展"会议，这次会议特别关注发展中国家的农业发展和农村发展问题，开创性地提出必须把可持续农业发展和农村发展作为同等重要的内容。在会后发表的《登博斯宣言》（*Den Bosch Declaration*）及行动纲要中，FAO 确定了"可持续农业"的内涵。"可持续农业"被绝大多数农业工作者接受，统一了形形色色的新型替代农业思想。这次会议成为世界各国农业有系统地转向可持续发展的契机和转折点（骆世明，2017）。1992 年欧洲联盟（European Union，EU）（简称欧盟）开始实施"多功能农业"，为此修订了欧盟的"共同农业政策"（common agricultural policy，CAP）。1992 年日本开始推行"环境保全型农业"并于 1999 年颁布了相应的《食物、农业、农村基本法》，以及出台相应的农业法规和经济激励措施。1998 年韩国开始进行农业转型，实施"环境友好型农业"，制定了《关于促进环境友好型农业和渔业，并管理和扶持有机食品法案》等相应的农业法规。美国在 1999 年开始推行基于资源与环境的农业"最佳管理措施"（best management practices，BMPs），各州颁布了农业最佳实践指导，列举了有关措施与奖励政策。在国际农业可持续发展行动的推动下，拉丁美洲自下而上的生态农业运动发端于 20 世纪 90 年代，并且直接影响有关国家的农业发展决策。例如，在生态农业运动推动下，2003 年巴西国会通过法律支持生态农业发展。国际有机农业运动和有机食品认证也在此期间得到迅速发展。

进入 21 世纪，生态农业思想、理念与实践已经在世界范围内达成高度共识，国际组织、各国政府、企业、民间组织和农民等各利益相关方都开始积极行动起来，在理论与实践层面开展了日益深入的探索。2004 年美国学者萨拉·谢尔（Sara Scherr）牵头成立了国际"生态农业伙伴"（ecoagriculture partner）机构，其口号是为了人民、食物和自然景观，强调通过景观层面的布局，协调生态、生产与生活的关系。FAO 也越来越重视生态农业，2014 年召开了第一届国际生态农业研讨会。2015 年召开了拉丁美洲、亚太地区和非洲的生态农业研讨会。2016 年在中国云南召开了国际生态农业研讨会。农业的生态转型与发展已经成为新的世界潮流。

2. 国外生态农业发展动向

1）愈加重视生态整体性、景观重要性、生物多样性和文化价值

进入 21 世纪，生态农业的发展超越了农田或农场的具体空间界限，扩展到多维的食物系统，人们更强调应用多学科综合的系统分析方法来开展食物生产、加工、市场、经济和政策决策，以及消费者生活习惯等的综合研究。对农业生态系统的整体性、农业景观、生物多样性和文化价值的重视程度也大幅提高。

在生态整体性方面，重视和加强农业生态系统的科学管理，把农业生态系统作为一个整体，彻底转变资源利用方式，加强系统要素的科学管理，促进从单一资源管理的传统方式向多元资源管理的现代经营方式转变，保证体现生态系统的整体性功能（Bohlen and House，2009），重点关注人与自然的协调性、生物与非生物因素的统一共存性、系统发展的阶段性、三大效益（经济效益、社会效益和生态效益）的统一性和系统内各管理主体的高度协作性。

在农业景观层面，开始充分认识到大尺度农田景观结构及其生境类型对害虫生态防治的重要性，从区域农业景观系统的角度出发，运用景观生态学的理论和方法来研究作物、害虫、天敌等在不同板块之间的转

移过程和变化规律，揭示害虫在较大尺度和具有异质性空间范围内的灾变机理，为利用农业景观多样性来保护农田自然天敌、实施害虫的区域性生态防控提供新的研究思路和手段。

在农业生态系统中，生物多样性的意义远超食物生产本身，特别在农业生态系统的生态服务功能中，营养循环、微气候调节和局部水文过程、抑制不良微生物生长和消减有毒物质的影响等是需要通过维持系统内生物多样性来实现的。通过正确处理生物多样性与农业产业化的关系，实现农作物、农业有益生物种群和农业有害生物种群三者之间的生态平衡，从而达到农业的可持续发展（林文雄 等，2012）。

长期以来，为了适应农业生产和社会经济发展的需要，人们创造了多样性的农业生产方式和相应的丰富多彩的农业文化。这些农耕文化浸透着历代先贤的血汗，凝聚着人类的智慧，生动地展现了人类的实践经验、教训，反映了人类对其与自然之间的关系、规律的认识与把握。如今，这些重要的农业文化遗产对人类的生活和农业生产仍具有现实意义，有必要对其进行深入挖掘并充分利用。

2）生态农业十要素引领可持续粮食生产与农业系统转型

为指导各国实现其粮食生产和农业系统转型，大规模促进可持续农业主流化，并实现零饥饿和其他多个可持续发展目标，FAO 在生态农业的区域讨论中归纳出了以下十要素：说明生态农业系统、基础性实践和创新方法共同特征的六要素，分别为多样性、协同作用、效率、抵御力、循环利用、知识共创和分享；反映生态农业背景特征的两要素，分别为人和社会的价值，以及文化和饮食传统；反映有利于环境的两要素，分别为循环和互助经济，以及负责任治理。生态农业十要素相互联系、相互依存，共同作为一项分析工具来帮助各国落实生态农业。通过确定生态农业系统和方法的重要特征，形成有利于生态农业发展的环境而明确相关关键因素，生态农业十要素成为政策制定者、实施者和利益相关方规划、管理和评估生态农业转型的指南。

3）生态农业研究在宏观层面和微观层面不断扩展

21 世纪以来，生态农业的研究视野同时向宏观和微观发展。在宏观层面，现代农业生态学正从以往的宏观农业生物学层面逐步深入到"三农"的社会学层面，从以往关注农业生态系统结构与功能的关系逐步发展到人们普遍关心作为全球食物生产、分布和消费网络的食物系统，即从生态经济学角度研究农业生态系统能流、物流形成与运转对社会经济发展的影响，以及社会政策法规对食物系统的调控作用。也就是说，现代农业生态学越来越重视人类社会生态觉醒对保护农业生态系统环境、促进无污染生产及市场营销的重要作用。因此，在当代西方国家，许多生态农业研究者十分重视通过各种社区运动或行动来促进政府、生产部门、销售部门，以及相关管理部门接受生态农业思想，自觉按照生态规律办事，保证食物生产系统健康高效运行，涉及从科学理论研究、实验示范推广、各种联盟运动推进到社会公众自觉参与等全过程，这已成为现代生态农业教学、科研和生产实践的重要内容。在微观层面，现代农业生态学正进入分子农业生态学时代，它借助现代生物学的发展成就，运用系统生物学的理论与技术，深入研究农业生态系统结构与功能的关系及其分子生态学机制，主要从分子水平上深入研究系统演化的过程与机制，促进从定性半定量描述向定量和机理性研究推进，体现了现代农业生态学的时代特征和发展新思维（林文雄 等，2012）。

4）关注气候智慧型农业

在全球气候变化加剧的条件下，农业既要被动适应气候的变化，也要主动减少对气候的不利影响。气候智慧型农业针对工业化农业的标准化生产格局，希望通过能源结构变化、投入品组成调整、生物多样性利用等方法建立一个更具弹性的农业生产体系。尽管在目标上更加突出气候变化的适应性，但是气候智慧型农业使用的具体手段并没有脱离生态农业的范畴。

5）生态农业建设逐渐成为一项社会运动

生态农业建设逐渐成为一项社会运动，其目的在于发掘农民智慧、改善食品供应体系、提高农村生活质量、增加农民经济收益、保护珍贵农业遗产、实现可持续发展。拉丁美洲的"农民对农民运动"是发展中国家相当突出的一个例子，目前该组织正试图凝聚力量，在交流生态农业技术的同时改变不合理的国际管理体系和国家政策（Holt-Giménez，2006）。在美国等发达国家，生态农业也已经作为一种社会运动存在。美国加利福尼亚州成立了各种形式的与农业生态有关的民间组织，如"社区农业生态网络"（Community Agroecology Network，CAN）、"农业和基于土地的培训联盟"（Agriculture and Land Based Training Association，ALBA）、"社区支撑农业"（Community Supported Agriculture）等，这些非政府组织从不同的侧面推动了生态农业的发展。美国有机农业运动也是从民间开始的，在 20 世纪 60～70 年代相继成立了"加利福尼亚州有机认证农民"（California Certified Organic Farmers，CCOF）、"缅因州有机农民和园艺者联盟"（Maine Organic Farmers and Gardeners Association）等，民间的大量工作促使美国农业部在 2000 年制定了国家有机食品标准，设立了国家有机农业项目（骆世明，2013）。同时，越来越多产业集团主动参与到生态农业建设中，如跨国化工集团纷纷转向能减少物质（如化学农药）投入的农业生物技术开发，农业生产资料（农机、化肥等）集团竞相研究开发高科技的"精确农业"（precision agriculture），使增加生产、降低成本、提高效率、减少残留和保持环境等目标同时实现，适应了可持续发展的社会理念和环境。

6）充分认识到技术与政策机制对生态农业发展的重要性

从事可持续农业的研究者、实践者和管理者充分认识到，如果没有在观念、机制、体制、政策和技术上的创新，农业可持续发展只能是"诗意的"。近年来，国际上众多农业科学家对可持续农业推行的条件进行了大量的理论探讨和实证研究，取得广泛共识，归纳出农业可持续发展的五大要素，分别是观念转变、能力建设、机制革新、政策法制调整和技术创新。在该五大要素中，政策法制调整和技术创新具有特别的重要性，如美国著名的农业经济学家弗农·W. 拉坦（Vernon W. Ruttan）在《农业可持续发展、诗意、政策与科学》中所指出的，如果不能从技术和政策法制两个方面进行充分设计，则农业生产的可持续发展只能是一种充满诗意的夸夸其谈。

2.1.2　国外生态农业的模式与经验

1. 国外生态农业的主要模式

1）大规模经营、大机械作业模式

20 世纪 30 年代，工业化生产造成的严重环境污染使美国暴发了百年一遇的干旱灾害，南部强沙尘暴等灾害使农作物大幅减产。此外，农药过量施用导致部分物种灭绝；核技术的研制开发及核武器的试验导致农作环境因受核放射污染而难以耕种；在这些恶化的生态环境影响下，美国的农业发展面临着巨大威胁；政府给予产业化农场的补贴高于小规模农场，致使美国农业发展模式出现两极分化的情况，大规模农场模式市场竞争力增强，小规模农场因逐渐丧失市场竞争力而发展受限。在恶劣的农作环境及政策导向影响下，美国农业陷入重重危机，迫切需要找到一条适合本国国情的农业发展之路。通过不断探索，大规模经营、大机械作业的精准农业模式应运而生。

精准农业是指在现代化科技手段支持下，通过全球空间定位技术，在了解每块耕地状况的前提下，定时、定量地运用大规模农业机械设备实施的一整套现代化农作模式和管理模式。高效利用各种农业资源、实现最优投入产出比、兼顾经济效益和环境效益是其典型特征。在耕作过程中，人们将收割机、播种机及施肥机连接到全球定位系统（global positioning system，GPS），每台 GPS 在作业时每隔 3s 将每块耕地的湿度、温度等指标输送给驾驶员，并分析每块耕地的农作物产量模型图及每块耕地土壤状况，以便有针对性地施肥、浇水，大幅提高了耕作效率和作物产量。实践证明，在精准农业模式下，农作物产量的增加可建立在更少施用化肥的基础上。自此，精准农业模式开始在美国得到快速推广。美国的精准农业模式主要集中在中西部地区的大型农场中，主要应用于玉米、小麦、大豆等粮食作物的耕种过程。大规模经营、大机械作业下的精准农业给美国农场带来巨大收入，全国 200 多万个农场之中，有近一成为年收入超过 25 万美元的大规模农场。

2）小规模经营、高补贴和高价格模式

日本人多地少，耕地资源短缺。第二次世界大战后，随着日本土地改革政策的实施，日本农地实现了"耕者有其田"的小规模经营，但随着经济水平的快速提高，农业人口大量流失。20 世纪 60 年代，日本农业劳动力数量持续减少，统计资料显示：1960～1998 年，日本农户数量降低了近 300 万户（姜彦坤和赵继伦，2020），所剩农户数量仅为 1960 年的一半，农业发展局势极其严峻。在机械化耕作模式的影响下，日本农民从业意愿大幅降低，1991～2011 年，日本农户数量减少近一半，仅剩 247 万户。此外，农业从业人口老龄化趋势明显，耕地面积下降，抛荒现象严重,兼业农户占主体地位,这在一定程度上也阻碍了农业规模化进程。现实状况使日本意识到,有限的资源禀赋状况难以依靠扩大规模来降低农业生产成本,最适合的农地经营规模为每户 10hm² 左右,超过这一规模的农业成本不降反升。

针对人多地少、小农经营历史悠久、农业经营主体主要以家庭为基本单位的农业现状,1994 年日本今村奈良臣首次提出农业的"六次产业"(第一产业×第二产业×第三产业=六次产业)的发展理念,六次产业(将第一产业的农林渔业与第二产业的制造业、第三产业的零售业等综合整体推进,灵活运用地区资源,创造出新的附加价值)使日本农村第一二三产业开始融合发展,从而提升了当地农业生产者的利润空间,为日本小规模的农户农业发展机制提供了长效发展潜力。

3)资源化、再利用生态循环农业模式

德国是世界上发展循环经济较早、水平最高的国家之一。第二次世界大战后,德国经济迅速发展,在农业发展过程中,德国曾经是世界上生产和使用化肥、农药最多的国家,化肥、农药的施用虽然实现了农业发展和农作物的稳产高产,但对水资源和生态环境都造成了严重的破坏。德国的循环经济理念源于 20 世纪 50~60 年代,随着农业经济的快速发展,资源的过度消耗、污染物的大量排放、物质和能量的低效利用、生态环境恶化加剧等问题日益突出,德国少数政治家针对当时日益严重的环境问题成立了研究组,开始分析环境污染及生态破坏问题。70 年代中期德国成立了德国联邦环境署等公共机构。70 年代中期至 90 年代初期,德国的循环经济进入了转型时期,开始着手全面解决环境问题,走经济发展和环境协调发展相结合的道路。从 90 年代中期至今,德国出台了更多的法规政策,旨在促进经济和环境的和谐发展。循环经济区别于传统"资源—产品—废弃物"单向流动的线性经济,要求把经济活动组织成"资源—产品—再生资源—再生产品"的反馈式经济,以低开采、高利用、低排放为特征,将减量化、再利用、再循环等原则运用到农业产业结构升级的具体实践中,使所有的物质和能源在该循环中得到合理和持久的利用,从而把经济活动对自然环境的影响降到最低。

4)水肥一体化严格管控模式

以色列地处中东地带的撒哈拉沙漠和戈壁沙漠之间,国土面积仅有

2 万多 km²，但却有超过 50%的土地处于干旱和半干旱地区。恶劣的气候条件加上淡水资源缺乏，使以色列农业发展十分困难。然而事实表明，自以色列建国以来，其农业发展不但能做到自给自足，还能够出口，其每年创造的农产品出口收入在国民生产总值中占 2%。这与以色列现代化的灌溉技术及设备密切相关，水肥一体化节水耕种模式对以色列农业发展做出了巨大贡献。在高度机械化水平下，为控制农药、化肥的施用量，以色列政府投入巨大。精准施肥技术既确保了农业生产的精准化发展，又做到了污染最小化。作为一个严重缺水的国家，以色列农业非常注重节水灌溉等措施。一方面，重视将科学技术纳入灌溉管理。为提高科学管理水平，当地积极引进计算机、遥感（remote sensing，RS）等先进技术和设备，使用现代化的管理方法，在提高水资源利用率的同时，也有力地保证整个管理的高效运行。采用压力滴灌技术控制施肥，可以保证硝酸盐最低限度地渗入土壤和最大限度地被植物吸收利用，滴灌技术比漫灌技术节水 1/3～1/2，使单位面积土地增产 1～5 倍，水肥利用率高达 90%，能有效防止土壤盐碱化和土壤板结。使用滴灌技术以来，以色列农业总用水量一直保持稳定，而农业产量却飞快增长。另一方面，大力推广"污水农作"技术。由于水资源的稀缺，以色列政府投入大量资金用于以废水灌溉技术为代表的废水再循环研究。在不同过滤装置的参与下，废水中的污染物和有毒物质被大量去除，在此基础上，政府经过综合考察选择最适应土壤生长的作物。时至今日，以色列已有超过 70%的污水可以用于农业灌溉，这种"污水农作"技术不仅可以高效利用水资源，还有效地避免了因为无法处理污水而导致环境污染的情况。

　　5）传统的精耕细作农作模式

　　传统的精耕细作农作模式普遍存在于发展中国家。就中国而言，传统的精耕细作农作模式主要以北方旱地精耕细作、华北沟渠农业和南方水田精耕细作为主要类别。为应对日益增长的人口压力、人多地少、耕地不足的现实情况，传统的精耕细作农作模式致力于提高土地复种指数和扩大耕地面积，集约化利用土地，提高单位土地面积产量。为提高土地利用率和土地生产率，可采用轮作倒茬和间作套种的种植模式，在广大南方水热条件充足的地方施行一年两熟和一年三熟的耕种模式。传统的精耕细作农作技术包括育种、种子处理保管、对农业生物之间互养或互抑关系的利用等措施和土壤耕种、施肥、灌溉等改善农业生物环境条件的技术措施，它是以土地的集约化利用为基础的，已广泛应用于广大发展中国家。传统的精耕细作农作模式属于劳动集约型耕种模式，对提高作物产量和稳定生态环境具有良好的示范作用，我国传统的稻鱼共生和桑基鱼塘系统都是人们最大限度利用自然资源禀赋、提高效益的精耕细作农作模式。

2. 国外生态农业的主要经验

1）依据本国自然禀赋选择合理路径

综合来看，工业化国家的农业进入生态转型阶段的库兹涅茨曲线（Kuznets curve）拐点是人均国内生产总值（Gross Domestic Product，GDP）为 1 万~3 万美元。但由于各国自然禀赋不同，所处的社会、文化环境有异，其具体的生态农业转型路径也并不相同。在生态农业规模不大的国家，实现农业转型都注重统一法律规范下的经济激励政策。例如，欧盟修订的"共同农业政策"规定了农民和农业企业必须达到基本的"交叉承诺"（cross compliance）标准，不损害环境，不出现食品安全问题，不虐待动物，不破坏传统文化，才能获得欧盟基本农业补贴。韩国和日本也颁布了相关的全国法律制度，只有达到相关指标才可以获得相关农业补贴、税收减免和优惠贷款。在生态农业规模比较大的国家，采用由地方推荐、适应不同区域的生态友好措施，并采用与地方经济相适应的激励办法。例如，美国在实行基于资源与环境的最佳管理措施时，由各州发布具体措施和具体奖励补贴办法。在政府决策和执行能力较弱的区域，农业的生态转型走了一条由民间组织动员、自下而上推动发展的道路，如拉丁美洲的生态农业运动就是典型。在政府决策和执行能力比较强的国家，实行政府立项推进的方式。我国政府推动实施的"退耕还林""草畜平衡""测土配方施肥""节水农业"等项目就是成功的例证（骆世明，2017）。

2）建立支持生态农业发展的法律体系

完善的法律制度对生态农业发展至关重要，也是人类文明进步的良好体现。美国、日本、德国、以色列等国家在鼓励和支持本国农业发展的过程中制定了较为完善的法律制度并得到良好的推行和实施。从立法到执法，美国农业都拥有完备的法律体系，并且具体的法律条文一直不断地完善。例如，1973 年，美国政府颁发的《农业和消费者保护法案》（*Agriculture and Consumer Protection Act*）规定农民从事农业生产劳动可以获得一定的补贴，通过这种形式可增加农民收入，提高农产品的国际竞争力；1985 年，里根政府对农业补贴在方式和额度上进行了一些调整，并施行土地强制休耕政策，以保护土地肥力；2002 年，美国政府又出台了《2002 年农业安全及农村投资法》（*Farm Security and Rural Investment Act*），将政府补贴在原有基础上提高了 67%，每年的补贴总额高达 1900 亿美元。小规模农户经营也需要法律支撑，从 2011 年起，日本正式实施由农林水产省组织制定的《六次产业化法》，并大力推行。日本政府通过法律认定的方式确保扶持对象的精准性，以应对农业人口流失的现状，鼓励农业发展。在耕地资源保护方面，可借鉴德国强有力的法律条款。20 世纪 70 年代早期，德国政府启动了一系列环境政策法案，并成立了德国联邦环境署等公共机构，以赋予政府在环境领域更多的权力。90 年代中期至今，德国政府出台了更多法规政策来促进能源转型，先后于 1998 年、1999 年颁布了《联邦土壤保护法》和《联邦土壤保护条例》，以立法的形式保护土壤资源。针对水资源紧缺的情况，以色列将水资源保护与开发利用上升到国家战略与安全层面，纳入基本国策。早在 1959 年以色列就先后制定并实施了《水法》《水井法》《河溪法》《水计量法》等一系列法律法规，从立法角度确保水资源的保护措施能够得到严格执行。

　　3）重视农业科技与相关人才的培养

　　无论是美国大机械精准农业、日本小规模农户经营、德国循环农业，还是以色列水肥一体化农业，以及传统的精耕细作农业发展模式，都离不开科学技术和人才的培养。日本政府对农业的投资表现为农业技术普及教育，大力举办农事学校、农事试验场所，为农业现代化打下可靠的人才基础。随着科技水平的提高，人们可以利用 GPS 监测每块耕地的状况，根据实际情况精准施肥、浇水，大幅提高了耕作效率和作物产量；

发展循环农业，加强废弃物资源化利用、农村新能源与再生能源开发、农村水资源的节约保护利用、农村生活污水与养殖粪便污水净化处理、耕地改造与农村土壤污染修复等实用技术的推广与应用；在水资源缺乏的地区，应该有针对性地发展节水技术、污水处理和节水灌溉技术，以保障水资源的有效利用；对传统精耕细作中总结的育种、灌溉、施肥、套种等有效经验须进一步宣传推广，应该大力培养拥有相应技术的人才，以开发利用新的耕作技术。此外，生态农业是智力密集型生产方式，而非投入集约型生产方式（骆世明，2013），除了重视新技术和新模式以外，国际上普遍重视来自广大农民的实践经验和经过长期实践被证实行之有效的传统农业遗产（骆世明，2017）。

4）积极引导多元主体的共同参与

在多元化主体并存的今天，可持续农业的发展也必须博采众长。社会和市场主体可以自发组织农业合作社。例如，日本农业协同工会（Japan Agricultural Co-operatives）（简称农协）作为政府和农民之间的中介具有一定影响力，其业务范围广，不仅要贯彻执行政府的各项政策措施，还要代言农民利益，代表农民发表言论，影响政治决策。农协借助农产品的控制手段与市场垄断手段，化解了小农与大市场的矛盾，促进农民增收，保护了地域农业利益，得到农民的广泛支持。农协一系列的社会化服务为农业生产、生活带去便捷。除农协之外，政府的参与也必不可少。首先，政府通过制定相关法律政策，严格限制不合理的农业生产排放和浪费资源的行为。其次，为鼓励农业发展，政府对农村地区和农民实施税收减免、资金补偿的鼓励性手段。再次，在农作物育种、农作耕作技术开发等方面需要加强科研投入，在确保农产品物种丰富的基础上，降低病虫害发生率，提高产量，进而促进生产。最后，农户自身参与的积极性对可持续农业的发展非常关键。作为耕作主体，农户应自觉发展成为新农业主体，在耕作时应结合新技术，以市场为导向，坚持采用低污染、低排放的优质高效的生态耕种方式，农户应主动与市场对接，积极开发农业产业化经营和农业旅游，提供良好的农业服务，实现可持续农业的健康发展。

2.2　国内生态农业发展探索

2.2.1　国内生态农业的发展历程

1. 国内生态农业发展阶段

中国生态农业的发展大致经历了传统积累阶段、起步发展阶段、稳步发展阶段和创新发展阶段 4 个阶段（李文华，2018）。

1）传统积累阶段

中国自古就有保护自然的优良传统，在"天人合一""阴阳五行""相生相克"等朴素的生态学思想指导下，建立并发展了一系列宝贵的生态农业模式与技术，如以稻鱼共生、桑基鱼塘为代表的农业综合模式和以都江堰、坎儿井为典型的传统农业工程等。在长期的农业实践中积累了朴素而丰富的经验，丰富了人与自然共荣共存的生态哲学理念，并蕴涵着值得借鉴的生态保护和可持续发展意识。

2）起步发展阶段

将朴素的传统农业生产经验上升到科学和理论的高度是近代的事。20 世纪 80 年代初，针对一些农业现代化的弊端，学术界在深入、广泛地实践调查过程中，对国内农业发展道路进行了广泛讨论，明确提出了"生态农业"的概念，初步阐述了生态农业的基本原理，在一些地方布设了生态农业试点。1981 年，马世骏在农业生态工程学术讨论会上提出了"整体、协调、循环、再生"的生态工程建设原理。1982 年，在银川举行的全国农业生态经济学术讨论会上叶谦吉发表了《生态农业——我国农业的一次绿色革命》一文，正式提出了中国的"生态农业"这一术语。此后，一部分高等农业院校和科研单位开始了生态农业的探索之路。

3）稳步发展阶段

20 世纪 90 年代以来，中国学者从物质与能量、结构与功能、系统设计与效益评价等角度对典型生态农业模式进行了理论研究，初步形成了具有中国特色的生态农业理论体系，生态农业理论与方法研究不断深化，并受到世界范围内的广泛关注。1991 年 5 月，马世骏和边疆共同拟订了中国"生态农业"的基本概念：生态农业是指在经济和环境协调发展原则下，根据生态学、生态经济学生物和物质循环再生的原理，总结吸收各种农业生产方式的成功经验，应用生态系统工程方法和现代科学技术建立和发展起来的、合理安排农业生产的优化模式和因地制宜的农业体系。1993 年，李文华主编了 *Integrated Farming System in China*，建立了适合中国的生态农业分类系统和综合评价体系。2001 年，李文华主编的 *Agro-Ecological Farming Systems in China* 对中国生态农业的传统经验和该领域的研究成果进行了全面阐述，得到了联合国教科文组织的高度评价，并将其列为生态学系列丛书出版，"将中国在这方面进行的具有先锋作用的重要工作，传播并试用于不同的生态-地理地带的持续农业中"。同时，以朱有勇为代表的中国学者在 *Nature*、*PNAS* 等国际知名学术期刊上发表了一系列高水平文章，揭示并验证了中国传统生态农业模式可持续的重要生态学机制。

同时，也有一批总结性的成果陆续面世。1994 年，《中国农林复合经营》出版，书中对我国的传统经验和农林复合领域的研究成果进行了全面阐述。2003 年，近百位科研人员共同编撰的《生态农业——中国可持续农业的理论与实践》一书正式出版，从发展、原理、模式、技术、区域、管理、展望等方面对中国生态农业进行了全面而系统的总结，该书获得了第十四届中国图书奖。

在此期间，国内的生态农业进入了蓬勃发展阶段。1993 年由农业部等七部委（局）组成了"全国生态农业县建设领导小组"，启动了第一批 51 个生态农业县建设工作。2000 年，国家启动了第二批 50 个生态农业县建设工作，同时提出在全国大力推广和发展生态农业。2002年，农业部在全国征集了 370 种生态农业模式或技术体系，并遴选具有代表性的 10 个生态模式类型（李文华，2003），它们分别是北方"四位一体"（养殖、沼气、种植、人居）模式、南方猪-沼-果（稻、菜、鱼）模式、平原农林牧复合模式、草地生态恢复与持续利用模式、生态种植模式、生态畜牧业生产模式、生态渔业模式、丘陵山区小流域综合治理利用模式、设施生态农业模式和观光生态农业模式。

4）创新发展阶段

中国生态农业的研究和发展离不开政府的大力支持。2003～2023年中国连续发布以"三农"为主题的中央一号文件，明确提出要鼓励发展生态农业，提高农业可持续发展能力。2012年，党的十八大将生态文明建设纳入"五位一体"中国特色社会主义总体布局，要求把生态文明建设放在突出地位，融入经济建设、政治建设、文化建设、社会建设各方面和全过程。2015年中央一号文件明确了农业的发展目标是产出高效、产品安全、资源节约、环境友好。当前我国人均GDP已经突破1万美元，中国农业的库兹涅茨曲线拐点已经来临。农业部在2014年开始了新一轮的全国生态农业试点工作，生态农业建设越来越受到重视。由此看来，当前中国的生态农业已进入新的发展阶段（骆世明，2017）。

生态农业的研究和发展强调系统性和绿色发展，充分发挥农业的多功能性，农业绿色发展作为一种全新的发展理念、技术模式和系统工程，强调以发展带动绿色、用绿色促进发展，这将成为我国未来农业的发展方向（马文奇 等，2020）。同时，我国生态农业发展更加重视农业生产中积累的传统知识和文化。2002年，FAO发起了全球重要农业文化遗产（globally important agricultural heritage systems，GIAHS）的保护工作。中国学者积极参与，从生态、文化、农史、农业、法律等多学科的角度开展了深入研究，推动了该项工作的顺利进行。截至目前，全球共有24个国家的74个传统农业系统被列入全球重要农业文化遗产名录中，其中19个传统农业系统在中国，总数量居世界之首。2012年3月，农业部正式发文启动中国重要农业文化遗产（China Nationally Important Agricultural Heritage Systems，China NIAHS）的挖掘和保护工作。截至目前，农业农村部已批准7批共188个中国重要农业文化遗产。

可以说，中国生态农业经过30多年的实践和发展，积累了丰富的经验和教训，形成与农村发展、农民致富、环境保护、资源高效利用融为一体的新型综合农业体系，我国生态农业已进入与区域经济、产业化和农村生态环境建设紧密结合的新阶段。

2. 国内生态农业发展经验

1) 走中国特色生态农业发展之路

2007 年，习近平撰文指出：中国人口众多、资源紧缺、城镇化水平较低的国情，决定了生态农业的发展既不能照搬美国、加拿大等大规模经营、大机械作业的模式，也不能采取日本、韩国等依靠补贴维持小规模农户高收入和农产品高价格的方式。中国数十年的现代生态农业发展历程很好地践行了这一点，我们坚持因地制宜、因时制宜地发展生态农业，走出了一条具有中国特色的生态农业发展道路，积累了丰富的生态农业建设经验。

2) 重视生态农业发展的制度建设

中国一直重视通过加强制度建设来引导、规范生态农业建设和提升生态农业建设水平。制度建设工作主要包括 3 个层面：第 1 个层面是开展技术层面的制度建设，优化空间布局，厉行资源保护与节约措施，加强产地环境保护与治理，养护修复农业生态系统；第 2 个层面是开展管理制度建设，包括科技制度、经济制度、法律制度、监测制度、宣教制度；第 3 个层面是开展农业绿色发展保障制度建设，通过落实领导责任，建立考核奖惩制度和全民绿色发展行动来实施保障（骆世明，2018）。生态农业的制度建设是构建我国农业绿色发展机制的重要方面。随着我国社会经济发展从高速增长向高质量发展阶段转变，构建完善的、适应生态农业实际发展需要的制度体系的重要性和必要性更加突出。总的来说，生态农业的制度建设应当遵循原则清晰、指标简洁、因地制宜、操作容易、激励有效、核查方便的原则，使之在生态农业实践中发挥出根本性作用。

3) 重视理论总结、试点实践与推广

生态农业是集科学研究、实践生产、社会运动和思想观念转变于一体的系统工程，在生态农业建设过程中，我国高度重视科学研究、试点实践、经验总结和推广普及工作。在科学研究方面，围绕生态农业相关技术、管理和社会问题开展集中攻关，在典型地点持续进行高水平基础性与应用型科学研究，储备科学技术成果，重视涉及农业生态环境的长时间大范围对比、不同类型农业方式对比的系统研究。同时，在不同范围内开展生态农业试点工作，大到生态省建设、生态农业示范县建设，小到生态农场试点建设，通过对现有研究成果进行实地应用示范，对成果的实用性进行评价，在试点实践过程中重视深入基层，及时发现和总结实践经验和优良传统，对系统进行适应性改进，形成试点经验总结，形成科学的生态农业模式，因地制宜地加以推广，从而迅速形成生态农业建设的新局面。此外，重视开展农业生态转型相关的教育培训，培育生态意识，传授生态知识。各地还积极建立操作性强、体系配套的农业生态环境法治红线，以及需要经济激励的生态农业绿色行动清单等。

4）重视组织化建设和多方参与

我国生态农业建设采用的是以政府为主导，以农民为主体，以科研工作者为重要支撑，政府、社区、农民、企业、农业科研人员和社会组织多方参与，以自上而下与自下而上相结合的组织形式展开，通过构建生态农业建设多方参与机制，充分发挥各方的主动性、积极性和创造性，形成发展生态农业的巨大合力。政府是我国生态农业建设的主导者和组织实施者，但这种自上而下的建设方式也存在农民参与不足的问题。为此，我国制定政策，积极支持农民技术协会和农业行业组织发展，为形成自下而上、有组织的农民生态农业行动提供了一定的政策环境，激励了他们积极参与行动（骆世明，2017）。同时，在生态农业建设过程中，科研工作者的作用极其重要。例如，中国农业大学李隆有关间作套种的研究、浙江大学陈欣的稻鱼共生系统研究都达到了较高水平，对生态农业建设起到了很好的技术支持作用。中国科学院地理科学与资源研究所李文华与闵庆文团队持续开展了农业文化遗产研究。李文华主编出版的《生态农业》中总结了大量农民创造的生态农业模式与技术。这些工作都有力地促进了生态农业的发展。

5）重视现代技术集成与应用模式开发

在我国，生态农业实践常被分为生态农业技术与生态农业模式。生态农业技术包括资源节约型技术和投入替代技术两方面，它是由多个相互制约、相互关联的技术组成的体系；生态农业模式体现为农业生态系统结构的完善，其中农区景观生态规划、农业生态系统循环设计、农业生物多样性关系构建是生态农业模式建设中最重要的 3 个方面（骆世明，2008）。生态农业技术体系与生态农业模式相互联系，一定的模式对应一定的技术体系。得益于科技界的高度重视、各级政府的有力推动和农民的积极参与，我国生态农业的发展在理论研究、技术集成和工程模式等方面都取得了明显成效，在国内外发表了一系列相关研究文章和学术专著，形成了许多不同类型的生态农业模式，有力地促进了我国生态农业实践的发展。

2.2.2　国内生态农业的发展态势

1. 功能定位多元化

1）农业多功能性发展

中国的生态农业注重不同农业生产工艺流程间的横向耦合，达到提高产品产量的目标。例如，通过增加物种多样性来减轻农作物病虫害的危害，提高作物产量。研究表明，水稻品种多样性混合间作与优质稻单作相比可以提高植株的抗病性，对稻瘟病的防治效果可达 81.1%～98.6%，减少农药施用量 60%以上，每公顷增产 630～1040kg（Zhu et al.，2000）；另外，针对小规模生产的调查或试验证明，由于多样化产品产出，稻鱼共生模式的年均净收入比常规水稻单作高 2144 元/hm^2（李文华 等，2009）。

在自然植被面积一再缩减和环境问题日益严峻的今天，农田生态系统不仅要作为食物生产地和原材料提供地，还要具备许多其他的服务功能，如调节大气化学成分、调蓄洪水、净化环境等。美国生态经济学家 Costanza 等（1997）提出全球农田生态系统每年提供的服务价值约为 1280 亿美元，占全球生态系统服务价值的 0.3%；而采用生态耕作模式稻鱼共生系统的生态服务价值往往比常规水稻单作要高，例如，稻鱼共生系统在固碳释氧、营养物质保持、病虫害防治、水量调节，乃至旅游发展等方面都有其独特的优势，其年均外部经济效益提高了 2754 元/hm^2，同时稻鱼共生系统可减少甲烷排放，控制化肥、农药施用，使其外部效益损失降低了 4693 元/hm^2。因此，稻鱼共生系统比常规水稻单作系统的年均外部经济效益增加了 7447 元/hm^2（刘某承 等，2010）。对于这些目前尚无法在市场中得到体现的外部经济效益，需要建立生态系统服务购买机制或生态补偿机制，从而达到农户和政府的双赢，以及生态效益和经济效益的双赢。

中国农业具有较强的自然经济和社会经济地域性特征，从南到北形成了丰富多样、形形色色的农业区域，既表现了自然界的多样性，同时又为文化的多样性奠定了自然基础，使当前生态农业从以生产功能为主向生产、生态和文化等复合功能转变成为可能。目前，国内外对农业多功能性存在不同的理解，经济合作与发展组织（Organization for Economic Cooperation and Development，OECD）、FAO、世界银行（World Bank）等国际组织，以及国内一些权威机构的专家学者都提出了各自的分类体系。但就其内涵来说，大家普遍认为现代生态农业的发展应强调经济效益、生态效益与社会效益的全面提高，突破单一狭隘的产业限制，通过提供多种物质产品来满足消费者的需求；通过系统中有机物质的循环，产生较高的经济效益和环境效益；同时还应将助农致富和农村劳动力的就业安排摆在重要位置。

2）文化传承与农村可持续发展

中国的农业文明在近万年的历史发展过程中得到了延续。当前任何区域的农产品都有一定的文化、历史、地理和人文背景与内涵，它们均富有区域特色和民族文化特色，合理利用这些资源能有效地发展地方经济，继承与传播文化遗产，对弘扬历史、增强民族自信心等具有非常重要的作用（李文华 等，2012）。但由于现代文明的全面渗透，世界范围内千百年形成的传统知识正在迅速消失。中国的农业建立在继承和发扬传统农业精华的基础之上，推广生态农业有利于引导地方政府和社区重视和弘扬民族文化，减缓传统知识的丧失速度，在传承文化的同时也为未来的经济开发保留知识和资源储备。

文化传承的重点在于发掘并保护农业文化遗产。首先，应在全国范围内开展农业文化遗产和非物质文化遗产的抢救性发掘工作，以村落为农业文化遗产的主体，全面展示传统工艺、传统技术、传统生活。其次，强化保护，积极利用。农业文化遗产保护需要一个动力机制，这个动力机制的根本是一个新型的利益机制，只有让农民真正获得切实的收益才能把他们的积极性调动起来，保护才能落实到底。最后，文化遗产的保护和利用必然是紧密相关的，保护要和市场的发展结合在一起，适度集中，进行体系分工，挖掘扩大市场，既能生成可获得经济效益的价值，又促进了农业文化遗产的保护，从而形成良性循环。总之，传承传统文化是为了创造新的农业文明，重点是通过市场需求，通过差异性的规划和创造性的策划，将文化农业作为持续性、永续性的事业发展起来。

中国的生态农业植根于中国的文化传统和长期的实践经验，结合了中国的自然-社会-经济条件，符合社会生态学和生态经济学的基本理论，为解决中国农业发展所面临的问题提供了一条符合可持续发展的道路。中国的生态农业从无到有，起步于农户，试点示范于村、乡、镇、县，重点发展于县域生态农业建设，走出了一条快速、健康发展的道路。这是广大科技工作者、基层干部和农民在改革开放过程中大胆探索、努力创新的伟大成果。面对新世纪，只要坚持以科学发展观为指导，融合传统精髓与新技术，不断创造和提高，中国的生态农业就能探索出一条具有中国特色的可持续发展道路。

2. 技术模式一体化

1）传统精华与现代技术融合

中国的生态农业历来重视对传统知识的传承，并通过一系列典型生态工程模式进行技术集成，发挥技术综合优势，从而为我国传统农业向现代化农业的健康过渡提供基本的生态框架和技术雏形（李文华 等，2010）。

当前的生态农业侧重于挖掘传统农业技术精华，强调农业废弃物的资源化利用，结合农村能源综合建设，以沼气为纽带的生态农业示范户较多；种植业提倡立体种植，强调多种经营，提高土地生产力；注重大农业系统的农林牧副渔等各业的有效综合。

当前生态农业的发展需要转向探索、协调经济发展与生态环境保护的切入点，开发生态资源适宜且有市场比较优势的主导产业，实现农产品健康安全生产。生态农业需要高新技术的龙头带动作用，也需要典型性强、效益好、易推广的专项生态农业技术的普及和传统技术的挖掘和提升。生态农业的发展应重视技术引进和应用，特别是要注重无公害技术的引进和推广；重视高新技术在生态农业发展中的应用，如利用地理信息系统（geographic information system，GIS）等现代技术，逐步实现生态农业的合理布局；重视总结和推广已取得成效的多种多样的生态农业技术，如沼气废弃物资源化综合利用技术、病虫害生物防治技术、立体种养技术等；重视其他农业发展模式技术的应用（如与精准农业技术的结合等）。

生态农业技术开发的重点是加大高科技含量。为完善与健全"植物生产、动物转化与微生物还原"的良性循环的农业生态系统，开发、研究以微生物技术为主要内容的接口技术；运用系统工程方法科学合理地优化组装各种现代生产技术；通过规范农业生产行为，保证在农业生产过程中不破坏农业生态环境，不断改善农产品质量，实现不同区域农业可持续发展目标。其中，在寻求生态经济协调发展且有市场竞争力的主导产业的同时，建立新型生产及生态保育技术体系和技术规范，建立环境和产品质量保证、质量控制监测体系，建立和完善区域及宏观调控管理体系，形成农业可持续发展的网络型生态农业产业。另外，现代生态农业将由信息技术支持，根据空间变异定位、定时、定量地实施一整套现代化农事操作技术与管理系统，包括农田 GPS、农田信息采集系统、农田遥感监测系统、农田 GIS、农业专家系统、智能化农机具系统、环境监测系统、系统集成、网络化管理系统和培训系统等。可以说，现代生态农业是高新技术与农业生产全面结合的一种新型农业（杨瑞珍和陈印军，2017）。

2）规模化与产业化发展

随着市场经济的发展，生产规模小、分散化程度高，生产方式和技术不能适应市场多样化要求的小农经济与大市场之间的矛盾越来越突出，产业化成为生态农业发展的重要内容和发展趋势。生态农业产业化应以人与自然和谐发展为目标，以市场需求为导向，依托本地生态资源，实行区域化布局、专业化生产、规模化建设、系列化加工、一体化经营、社会化服务、企业化管理，寻求农业生产、经济发展与环境保护相协调的道路。总的看来，中国生态农业产业化虽有所发展，但目前仍处于一个低水平的初级阶段。生态农业产业化的发展环境相当薄弱，农业企业、农村经济、农民素质、基础设施，以及产业意识还有待提高和完善。对中国生态农业发展中正反两方面的经验进行总结分析，寻求发展与突破的基本思路是放眼国际市场、明晰产品标准、立足区域特色、发挥品牌效应、规范基地生产、拓展增值加工、提升竞争能力。

产业链是产业化要实现的目标。产业链循环化是中国生态农业产业化发展的重要特色，主要通过产业合理链接达到物质循环和能量逐级利用的目的，使生态农业体系产生的废弃物最少化，使农业资源利用达到最大化，产生资源高效、环境友好和经济效益良好的共赢效果。产业链延伸化主要包括信息共享、技术服务、工艺设计、营销体系、物流网络、观光服务等，针对不同的消费群体制定相应的产品、生产与市场销售计划，如大众产品、生态产品、绿色产品、有机产品、区域产品、特色产品等多级产品体系。

基地规模化生产是生态农业产业化体系的重要内容。中国生态农业产业化应遵循统一规划、合理布局、相对集中、连片开发的原则，根据不同自然条件和社会发展基础，围绕农业产业化总体规划，组建一批富有特色的农产品无公害生产基地建设工程，严格控制产地环境质量，基地生产实施绿色标签制度，发挥品牌效应，拓展增值加工并提升竞争能力。随着规模化生产形式越来越普遍，规模化农业的生态建设成为生态农业建设的重要方面。

标准化是实现生态农业产业化发展的关键问题之一，主要体现在农业产地环境质量标准、农业生产资料标准、农业生产技术标准和农业产品质量标准4个方面。农业产地环境质量是决定产品质量等级的重要前提和基础保证；农业生产资料标准主要针对化肥、农药等投入物料的产品特性和施用效果等，主要从源头输入上为生态农业产业化体系提供保障；农业生产技术标准主要是生产过程的技术标准，包括使用方法、加工工艺、保存规范等，主要通过一系列产品生产规程来体现；农业产品质量标准包括产品外观标准、品质标准、营养标准、安全标准、卫生标准等。生态农业标准化应参照国际标准化组织（International Organization for Standardization，ISO）制定推出的 ISO14000 认证标准和危害分析及关键控制点（hazard analysis and critical control point，HACCP）体系，建立我们自己的国家标准体系和区域标准体系，高、中和低级质量标准体系可以满足社会多层次需求。

值得一提的是，"家庭农场"的提出为现代生态农业机械化、规模化、集约化发展提供了良好的外部环境。同时，城市人口增加和消费结构的升级为扩大生态农产品消费需求、发展生态农业观光旅游业、拓展农业功能提供了更为广阔的空间，也为生态农业实现规模化生产、集约化经营创造了条件。随着农业产业链和价值链建设的积极推进，以及生态农业新技术、新模式的广泛应用，粮经饲（粮食作物、经济作物、饲料作物）统筹发展水平将不断提高，农林牧副渔结合程度将不断加强，种养加（种植业、养殖业、加工业）一体化水平将不断提高，生态农业产业体系更加健全，现代生态农业产业化将进入加速发展的时期（杨瑞珍和陈印军，2017）。

3）多产业开放性结构

中国生态农业强调不同工艺流程间的横向耦合及资源共享，建立产业生态系统的食物链和食物网，以实现物质的再生循环和分层利用，去除一些内源和外源的污染物，达到变污染负效益为资源正效益的目的。当前，中国生态农业主要利用农业产业内部模块之间的有机链接关系来实现物质的循环利用，并取得了巨大的成绩。

随着我国市场经济体系的完善和科学发展观的提出，局限于农业部门之内的狭义生态农业已经很难适应社会的发展，部门的局限性和不完整的产业链无法解决我国农业面临的资源短缺、环境污染，以及农村劳动力短缺问题和实现小康目标的要求。现代生态农业应逐步改变自给性生产理念，转向与工业有机结合，以农产品加工为纽带，一头连接市场，一头连接生产和流通领域，实行产加销一体化的一二三产业网络型链条。集生产、流通、消费、回收于一体，以及废弃物还田的食物链（网）

结构，有效利用资源、信息、设施和劳动力，形成良性循环经济结构框架。

农业资源的节约化、农产品加工的深度化和废弃物的资源化是实现农业生产系统良性循环的关键。农业资源的节约化包括土地资源、水资源、能源的节约化，以及化肥与农药的合理施用；农产品加工的深度化应配合品牌产品和基地商品化生产，推进加工水平升级，同时应积极创造条件，开展深加工试验研究和示范，有条件的地区要积极推进农产品的深加工，但要避免一哄而起；废弃物的资源化，特别是秸秆加工生物饲料、粪便加工生物肥料等产业，将作物秸秆、牲畜粪便、农畜产品加工剩余物等农业有机废弃物综合利用，使废弃物资源化、能源化，多层次利用，既有效控制了环境污染，又能带来经济效益，而且优化了社会投资结构。

3. 政策措施具体化

1）农业生态补偿政策制定

国外农业补贴是由价格补贴、直接补贴发展到农业生态补贴。目前中国农业补贴政策是从 2015 年开始转变的，如实施草原奖补政策、耕地质量保护与提升补助、畜禽粪污资源化利用补助等，同时农业补贴逼近黄箱政策的"天花板"，亟须用生态补偿替代先行的农业补贴政策（高尚宾 等，2019）。近年来，各级政府均比较重视农业生态补偿政策，区域生态补偿政策、林业和草地生态补偿政策在实施过程中也积累了一些成功经验，但有关生态循环农业规范生产、生态补偿等方面的政策法规不多，对种植业、养殖业及生态循环农业，以提高农业资源利用效率、促进农业绿色发展、保障农业产能为目的农业生态补偿政策很少。因此，出台一批支持生态农业发展的相关政策、建立生态补偿机制、完善和落实国家相关政策将成为今后农业生态补偿政策的重点工作。

2）生态认定与评估策略

随着生态农业实践的不断深入和政策支持体系的完善，对生态农业的确认和对生态农产品的认定与区分的重要性逐渐突显。如何让生态农业获得政策法规支持，如何让生态农产品在市场上获得差别性标识以促进生态产品走向市场，已成为目前生态农业发展的主要瓶颈。我国有机农产品和绿色食品的认证工作早已建立了自己的体系，然而生态农业还没有具体的认证或者确认体系，生态农业的确认和评估是生态农业得以广泛推广的关键。因此，构建操作性强的生态农业确认与评估体系是推动生态农业被广泛认可和推广的重要环节，是政府制定支撑政策和建立生态农产品市场的重要前提。为此，要在遵循资源匹配、生态保育、环境友好、食品安全底线的原则基础上，制定生态农业可操作性评估指标体系。在具体指标确定上要考虑不同区域环境下生态农业的经营规模、经营主体、采用方法、产生效益、社会改革等的差异，酌情确定。在生态农业的确认手续上，要充分利用诚信体系和信息技术，发挥第三方认证和参与式保障体系的作用，以加快生态农产品市场的发展与政府支撑政策的完善（骆世明，2020）。另外，鉴于全球气候变化影响的广泛和深入，考察我国各地区的生态农业需要具有全球视野，应当将农业碳汇/碳源的测度和评估纳入生态农业综合评估体系中（薛领 等，2016）。

3）系统论、信息论和控制论的应用

当前系统论、信息论和控制论已经被广泛应用于各行各业，其在农业上的应用也相当广泛，涉及系统评价、信息传播、植物保护、农业机械、温室生产、污水处理、区域规划、绿色农业等方面。我国农业生态学与国外农业生态学最大的差别在于我国农业生态学十分重视从系统论、信息论和控制论的角度来辨识农业生态系统的调控体系（骆世明，2021），其差异性具体体现在两个方面：第一，我国的农业生态学在重视能流、物流以外还重视信息流；第二，我国的农业生态学在重视能流、物流转换结构以外还重视系统的调控结构。在信息化时代，通过对农业生态系统信息的准确收集、快速传递和有效利用，可以实现对系统的有效调控，实现资源匹配、生态保护、环境友好、产品安全，促进生态农业发展，这方面的研究与应用基础已经逐步成熟。因此，加强系统论、信息论和控制论在生态农业研究中的重要地位，理解农业生态系统的调控机制有利于理解和继承我国农业的优秀传统，有利于启迪农业生态学相关的基础研究与应用，有利于推进信息化时代我国的生态农业发展。系统论、信息论和控制论无疑将会在促进我国农业生态学发展方面和在农业生态转型过程中发挥重要的作用。

2.3 新时代生态农业发展需求

我国农业发展在过去 40 年取得了举世瞩目的成就，但是在新时代依然面临诸多资源环境问题与挑战，如水土资源利用效率偏低、生态环境压力依然很大等。随着国际农业发展迈入新阶段，我国农业应从以牺牲资源环境为代价过渡到注重坚持绿色发展、生态优先的发展方式上来，通过建立资源高效和循环利用体系，实现农业生态功能持续提升和可持续发展。

2.3.1 农业资源环境问题

1. 气候变化导致极端气候灾害频发

1）气候变化导致农业生境萎缩

全球气候变化使光照、热量和水分的时空格局愈加复杂，给粮食安全和农业的可持续生产带来挑战，气候的持续变暖及降水量的时空剧变可以直接改变农业生物生存发育及地理分布区间，加剧沿海土壤盐渍化、沼泽化进程，导致农业生境萎缩，我国以耕地、林地、草地和淡水为代表的农业自然资源数量与质量呈现持续大幅下降趋势。

以农田生态为核心的农业生态环境多样性正不断丧失。近年来，我国出现了耕地面积不断减少、湖泊持续萎缩、江河流量锐减、林地和湿地面积缩减等现象。自 1958 年开始，全国耕地总面积呈持续减少态势。同时，全国 40%以上的耕地出现退化现象。林地面积不断缩减，天然林比重日益降低，林地生态功能退化，林种日趋幼龄化、单一化。草场也出现了不同程度的退化，约 1/4 的天然草原已经沙化。国内主要天然内陆湖泊以年均约 20 个的速度消亡，湖泊湖面湖容呈同步萎缩。以长江、黄河等为代表的主要江河流量锐减，诸多河流已成季节性河流或出现常年断流现象，农业用水缺口日益扩大，干旱现象日趋严重或频发。自然湿地面积近 10 年减少了约 10%，农业淡水资源环境质量迅速下降，湿地破碎化、人工化倾向凸显。西部地区冰川与冻土层加速萎缩。

可以看出，一些重要特殊的农业生态景观或生态类型面临濒危或永远消失的危险，农业生态系统总体呈现萎缩退化和先天脆弱性强化，并不断向结构单一化或简单化、破碎化方向演进。

2）极端气候引发严重的自然灾害

中国地域辽阔，农业气候资源具有复杂的时空特征，是世界上受自然灾害影响最严重的国家之一（麻吉亮 等，2012）。当前，全球气候变化愈演愈烈，以干旱、洪涝为主导的异常天气与自然灾害频发，使原有农业生态系统和农业生物多样性遭受破坏，加剧农业危机。

极端气候事件频发是诱发农业气象灾害的主要原因（柏会子 等，2018），天气是影响农作物产量和品质的重要因素，农业气象灾害会大面积地影响农作物的产量，为农民带来巨大的经济损失。目前常见的极端气候灾害主要有旱灾、洪涝灾害和低温灾害。

旱灾是中国影响最广、发生最频繁的气象灾害之一。旱灾与干旱不同。干旱指水量亏缺、淡水总量少、不足以满足人类生存和经济发展的气候现象；旱灾指因气候严酷或不正常的干旱而形成的气象灾害。干旱一般是长期的现象，而旱灾却不同，它属于偶发性的自然灾害，甚至在水量丰富的地区也会因一时的气候异常而导致旱灾出现。干旱和旱灾的直接危害是造成农业水资源供应量减少甚至稀缺，致使土壤中的水分大量减少，导致农作物减产、农业歉收，严重时形成大饥荒。

洪涝灾害包括洪水灾害和雨涝灾害两类。其中，由于强降雨、冰雪融化、冰凌、堤坝溃决、风暴潮等引起江河湖泊及沿海水量增加、水位上涨而泛滥，以及山洪暴发所造成的灾害称为洪水灾害；因大雨、暴雨或长期降雨量过于集中而产生大量的积水和径流，由于排水不及时，致使土地、房屋等渍水、受淹而造成的灾害称为雨涝灾害。相较于旱灾，洪涝灾害对农作物生长的影响完全相反。在农业生产中，农作物萌发及生长发育均需要适宜的水分，水量不能过高也不能过低。洪涝灾害为土壤带来过量的水分，甚至淹埋了土地，就会导致农作物出现烂秧的现象。秧是农作物的根本，秧的损坏溃烂也就意味着农作物无法继续生长，甚至出现绝收的现象。

低温灾害分为冻害和冷害两种情况。冻害是指天气温度在0℃以下的农业气象低温灾害，冻害普遍存在于冬季，对作物生长的影响较为直接，使作物体内结冰，破坏其细胞结构，导致作物死亡。冷害是指天气温度在0℃以上的农业气象低温灾害，冷害多存在于冬季，还存在于秋季末和春季初，冷害对作物的影响虽没有冻害严重，但冷害使作物生理活动受到影响，严重时作物某些组织受到破坏，最终导致作物不能正常生长结实，作物产量大幅降低，给农民带来经济损失。

2. 水土资源约束趋紧，资源利用效率不高

1）水资源配置失衡，节约化水平不高

　　我国水资源不仅总量缺乏，而且存在较大的时空变化。水资源受降水的影响，呈现极为不均衡的时空分布特点。在时间上，有明显的旱季（枯水期）和雨季（汛期）之分，旱季时水资源呈现严重的缺乏态势；雨季时，由于洪涝灾害时常发生，大量的水资源被弃用，水资源利用率较低，存在较大的浪费。在空间上，农业生产与水资源分布错位，淮河流域及其以北地区的土地面积占全国国土面积的63.5%，但水资源量仅占全国水资源总量的19%，长江流域及其以南地区集中了全国水资源量的81%，但该地区耕地面积仅占全国耕地面积的36.5%，由此形成了南方水多、耕地少、水量有余，北方耕地多、水量不足的局面，水资源配置严重失衡。

　　我国的农业生产中还存在着用水节约化水平不高的问题。我国土地广袤、农田肥沃，自古以来就是农业生产大国，农业水资源使用量占国内整体水资源使用量的73%以上。一方面，当前的作物种植偏好于水资源密集型物种，耗水量较小的作物发展未成规模，这使作物对水资源的需求不断加大。另一方面，当前我国农业灌溉方式普遍采用粗放的大面积灌溉方式，用水损耗严重，水资源利用率较低，灌溉水量超过了作物需水量，在浪费水资源的同时，对作物的生长也带来了不利影响。

　　水资源是作物生长所必需的因素之一，农业水资源失衡具有严重的危害。首先，因水资源配置不均衡，农民采取污水灌溉等不科学的节水措施，会使灌区作物出现不同程度的重金属积累和超标现象，影响土壤、

空气、森林的生态环境，导致农业生态环境严重恶化。其次，农业水资源失衡还会使作物面临干旱胁迫，其形态特征、光合作用、抗氧化酶系统和渗透调节物质都会受到影响，出现不同程度的减产。最后，农业水资源极度失衡还会导致大面积干旱，对作物产量与品质造成严重影响。

2）耕地资源被占用，土地利用率偏低

土地是人们赖以生存、不可或缺的自然资源，耕地是土地的精华，具有养育、生态及社会保障等多种功能，耕地资源的多寡、优劣不仅关系国家粮食安全和社会稳定，也关系国家经济和社会的可持续发展。我国耕地具有人均面积小、分布不均匀、自然条件差的特点。近年来，随着经济的快速发展，耕地资源被占用的现状呈现增长趋势，耕地保护的压力更加严峻（范泽孟和李赛博，2021）。

目前，我国耕地资源被占用现象严重，存在以下几种情况：①在农业内部进行土地利用结构调整时，片面强调经济利益，忽视粮食生产，大片粮田被改为果园或改种其他经济作物；②开发区和房地产建设过程中圈占大量耕地，其中有些至今尚未被开发利用；③随着城镇规模的扩大，城市向四周外延扩展占用大片耕地；④乡村集体和个人在砖瓦窑、民宅和乡镇企业建设中占用耕地且浪费土地现象严重；⑤工矿企业破坏土地严重且复垦率低。

耕地资源被占用绝大多数是不可逆的过程，耕地资源被不合理占用加剧了我国的人地矛盾，宜耕土地的减少成为我国粮食增产的一大隐患，直接影响农业生产和农业经济增长。

3. 农业结构单一化，品种多样性锐减

1）农业生态功能退化，向结构单一化演进

农业生态系统是一类特殊的人工-自然复合生态系统，也是世界上最重要的生态系统之一（李文华 等，2016）。农业生态系统不仅具有粮食生产功能，还具有水文循环、气体调节、小气候改善，以及人文观光等生态及服务功能（吴芸紫 等，2016）。

农业生态系统的生态功能是指土地与土地上的生物构成的生态系统所具有的调节气候、保护和改善环境、维持生态平衡和生物多样性等方面的功能，主要表现在农业对生态环境的支撑和改善作用上。农业的生态功能对农业经济的持续发展、人类生存环境的改善、生物多样性的保持和自然灾害防治，以及二三产业的正常运行和其排放物分解消化产生的外部负效应等均具有积极的、重大的作用。

农业多功能之间相互依赖、相互促进和相互制约。然而，由于人们不合理的生产劳动，农业生态系统可能出现栖息地丧失、养分流失、水源污染、土壤污染、物种丧失等问题，限制了农业生态系统服务功能的发挥，农业的生态功能逐步退化。

随着城镇化进程的加快，加之不合理的农业农村政策及改造措施，农业生态系统还面临结构单一和趋同化问题，主要表现在种植结构和景观结构上。种植结构单一化会导致资源的不充分开发利用、环境污染，以及生态严重破坏，从而制约农业种植结构发展的可持续性和多元化（侯相成 等，2023）。景观结构单一化会导致生物多样性锐减、生境丧失和破坏及生态效益逐步降低（关明昊，2022）。

2）生物多样性加速丧失，品种多样性锐减

生物多样性是人类社会赖以生存和发展的基础。人们衣、食、住、行及精神文化生活的许多方面都与生物多样性密切相关。在中国，伴随着工业化、城镇化的快速推进，农业生物多样性受到前所未有的重创，丰度锐减，农业生态系统萎缩、结构失衡或愈加简单化、脆弱化，农业及相关生物遗传多样性、基因多样性、物种多样性和生态多样性危机日趋严峻（杨曙辉 等，2016）。

近半个世纪以来，我国有 200 多种高等植物已经灭绝，还有约 4600 种高等植物处于濒危状态；全国生物物种数量正以平均每天新增一个濒危甚至走向灭绝的速度减少，农作物栽培品种数量正以每年 15% 的速度递减；相当数量的农作物种质资源只能存活于实验室或种子库，很多物种，尤其是野生种、半野生种、地方种或传统农家品种等早已在野外难觅踪迹或永远消失。作物种质多样性、遗传多样性和基因多样性正面临前所未有的挑战、威胁或危机。除主要农作物及其栽培品种多样性加速丧失之外，以农田或土壤环境为核心，与农业密切相关的动植物、微生物等生物多样性同样遭受损害，许多有益动物、沼生植物、湿生植物或水生植物、昆虫、害虫天敌、真菌、细菌等种类或种群结构发生显著变化，数量明显减少或永远消失；一些有害生物种类及种群数量骤增，农田生物多样性丰度显著下降。

生物多样性加速丧失给人类的生活和农业生产带来一些不利的影响。首先，生物多样性的丧失会导致粮食作物、水果、蔬菜、皮毛、肉蛋乳等资源供给不足。其次，生物多样性为人们提供了木材、药材和各种各样的工业原料，生物多样性降低阻碍生物产业发展，进而影响国民经济的发展。最后，生物多样性丧失会导致生态系统调节服务不足，人们将面临清洁水源缺乏、空气质量下降等问题，生活质量降低。总之，生物多样性的丧失会造成人们衣食住行等方面的安全问题，威胁人类生存。

3）外来物种入侵

外来物种是指出现在其自然分布范围和分布位置以外的物种、亚种或低级分类群，包括这些物种能生存和繁殖的任何部分（如配子或繁殖体）。外来物种入侵是指生物物种从原产地通过自然或人为的途径迁移到新的生态环境的过程。它有两层意思：第一，物种必须是外来、非本土的；第二，该外来物种能在当地的自然生态系统或人工生态系统中定居、自行繁殖和扩散，最终明显影响当地的生态环境，损害当地的生物多样性。外来物种入侵已经威胁全球多个国家和地区，严重影响农林牧副渔业生产，威胁生态系统稳定，是当前全球生物多样性丧失的主要原因之一。

伴随全球经济一体化的不断深入及气候变化加剧，近年来，世界范围内的外来生物入侵危害程度日趋加重，国际公认的最具威胁性外来入侵生物达 100 种以上。我国是遭受生物入侵威胁最大和损失最为严重的国家之一（万方浩 等 2002），近年来，网购热、宠物热、不规范放生活动等的出现，使外来物种入侵途径更加多样化、复杂化，监管和防控工作难度进一步加大，防控形势更加严峻（付伟 等，2017）。

外来入侵物种会对国家生物安全、生态安全、产业安全及生物多样性构成严重威胁，并对农林生态环境和自然生态环境造成重大破坏或损害。首先，外来物种入侵会造成农林产品产值和品质下降，增加成本。其次，外来入侵物种会侵占本地物种的生存空间，造成本地物种死亡和濒危，对生物多样性造成影响。最后，外来入侵物种会影响生态系统的健康，使生态系统的结构和功能完整性遭到严重破坏。

4. 耕地质量下降，水环境污染严重

1）土壤污染严重，耕地质量下降

土壤是农业生产中最重要的资源之一，土壤污染指土壤中的各类污染物质含量高于相关标准，导致土壤养分含量降低，影响土壤正常功能的发挥（于平和盛杰，2019）。当前我国土壤污染形势较为严峻，以重金属污染为主，有机物污染、放射性元素污染、病原微生物污染也是我国土壤污染的主要类型。

重金属污染主要来源于城市和工业的污染物排放。2018年的土壤污染统计数据表明，重金属污染物主要是铅、铬、砷等，污染的耕地面积占中国耕地总面积的 1/5 左右（王雪芹，2021）。经济高速发展的同时，污染物排放量仍在不断增加，污染的土壤面积也逐年增加。有机物污染主要来源于农业化肥和农药的施用，我国每年施用 50 万～60 万 t 农药和4100 万 t 化肥。放射性元素污染主要来源于科研和医疗废弃物。病原微生物污染主要来源于生活污水和医院污水。

土壤污染导致土壤中存在的有害物质含量超过其自净能力时，这些有害物质就会抑制土壤微生物的活动，破坏土壤的合理构成，导致土壤生物学性质恶化、降低土壤保水保肥能力、耕地土质退化、土壤板结，影响植物的健康生长，使农业生产成本升高。一方面，土壤污染造成了农作物产量减少和品质下降；另一方面，土壤中的有害物质慢慢借助水源和植物等进入人体，影响人体健康。土壤拥有净化能力，但能力有限，无法处理较为严重的污染情况，过量污染物质长期存在于土壤内，严重威胁周边环境和人们的健康。

2）面源污染严重，水环境堪忧

我国农业面源污染日益严重，土壤泥沙颗粒、氮磷等营养物质、农药、各种大气颗粒物等通过地表径流、土壤侵蚀、农田排水等方式进入水体，水环境质量日益下降，农业水资源污染成为生态环境恶化的主要原因之一。在我国工业化进程不断加快和城市化规模不断扩张的情况

下，大型工厂的发展带来了各个方面的污染，尤其是水资源的污染，在地表水与地下水层都呈现了严重的态势，这也给农业生产用水带来了严重的污染问题，甚至出现了农业用水危机，造成农作物的污染。此外，我国农民长期以来的生产劳作方式造成的农药、化肥污染，农田污水灌溉，畜禽养殖废弃物污染，焚烧秸秆和农膜污染等现象，也加剧了农业水资源污染。

在农业生产中，水资源污染最直接的危害就是影响农作物的生长及发育，使用污染的天然水体或直接使用污染水来灌溉农田，会破坏土壤，影响农作物的生长，造成减产，严重时则颗粒无收。当土壤被污染的水体污染后，会长时间失去土壤的功能作用，造成土地资源的严重浪费。此外，水污染还加剧了水资源的短缺，极易造成农业水资源失衡。

3）水土流失加剧，土地沙化、盐碱化突出

我国是世界上水土流失最为严重的国家之一，水土流失面广量大，易发生水土流失的地质地貌条件和气候条件是造成中国水土流失的主要原因。我国山地面积占国土面积的 2/3，黄土面积分布广，山地丘陵和黄土地区地形起伏；我国大部分地区属于季风气候，降水量集中且多暴雨，极易引发水土流失。严重的水土流失会造成耕地面积减少、土壤肥力下降、农作物产量降低，从而导致人地矛盾更加突出，引发生态失调和限制社会经济发展。

土地沙化是指由于土壤侵蚀或流沙（泥沙）入侵、表土失去细粒（粉粒、黏粒）而逐渐沙质化、导致土地生产力下降甚至丧失的现象。气候干旱等自然因素和过度放牧、乱砍滥伐森林、无节制的盲目开荒、水资源不合理利用等人类活动因素都会导致土地沙化。土地是否发生沙化与土壤的水分平衡有关，当土壤水分补给量小于损失量时就有发生沙化的倾向，土地沙化多发生在干旱、半干旱脆弱生态环境地区，或者邻近大沙漠地区及明沙地区。土地沙化导致可利用土地资源减少、土地生产力衰退、自然灾害加剧等。土地沙化的大面积蔓延可演变成土地荒漠化。

土地盐碱化是指土壤中盐分积聚形成盐渍（碱）土的过程。造成土地盐碱化的原因是多方面的，土地盐碱化是易溶性盐在土壤表层逐渐累积的过程，地表水蒸发和入渗是盐分在土体中迁移运动的重要驱动力，影响蒸发和入渗的因素都会造成土地盐碱化。气候因素是导致土地盐碱化的根本因素，气候干旱时地面蒸发作用强烈，土壤母质和地下水中所含盐分随着土壤毛细管水上升而积聚于地表。地形地貌因素直接影响地表水和地下水的径流，地表径流和地下径流滞留、排泄不畅且地下水位较高的地区易发生土地盐碱化。此外，水质因素和盐生植物因素也会影响土地盐碱化的发生。

除在滨海地区由于受海水浸渍影响而发生土地盐碱化外，一般的土地盐碱化主要发生在干旱和半干旱地区。土地盐碱化会导致土壤溶液的渗透压增大，土体通气性、透水性变差，养分有效性降低，造成植物吸水困难、种子难以萌发，即使萌发，植株也生长纤弱，发育及结实性都严重受阻，造成减产甚至绝收。

2.3.2 农业自然资源与环境变化趋势

1. 农业主要自然资源现状及趋势

农业自然资源是自然界中可被用于农业生产的物质和能量来源，一般包括各种气象要素、水、土地、生物等自然资源。农业自然资源是农业赖以生存和发展的基本条件，不同地区农业自然资源的状况、特点和开发潜力决定了农业发展的规模和方向，也影响人类的生存环境和国民经济的发展。我国幅员辽阔，不同地区间气候条件和水土资源差异明显，决定了不同地区间农业自然资源迥异的基本格局。同时，受气候变化和人类活动的影响，农业自然资源在时间上也呈现一定的变化趋势。

1）农业气候资源特征与变化趋势

气候资源是太阳辐射、降水、热量等因子的数量及其特定组合，这些自然赋予的光照、水分和热量等因子是农作物赖以生存的条件。农业生产的布局、结构，以及产量的高低、品质的优劣都在很大程度上取决于当地的气候因子（如日照时数、降水量、平均温度和温度极值等）。农业气候资源是指与农业生产和农作物生长发育密切相关的气候条件，通常采用具有一定农业意义的气象（气候）要素值来表示，主要包括热量资源、水分资源和光能资源等。全球气候变化造成的极端高温事件的频率、持续时间和量级大幅增加，同时伴随偶然的极端低温事件，这些对农业，尤其是对作为农业主题的粮食生产与粮食安全造成了严重影响。气候变化对农业生产的影响主要表现在对农业气候资源的影响方面，农业气候资源的数量及其配置直接影响农业生产过程，并为农业生产提供必要的物质和能量。农业气候资源的变化最终会影响农业种植制度、品种布局、生长发育及产量的形成。

总体而言，自 1980 年以来，在气候变化背景下，我国热量资源总体呈现显著上升趋势，从热量资源的分布来看，北方地区热量资源的增加对农作物的生长有积极作用。南方地区对总体气候变暖的响应并不明显，但对气候变化的极端温度不稳定更为敏感。在未来气候变化背景下，全国大部分地区无霜期将明显延长，热量资源显著增加。据推测，2021～2050 年我国大部分地区平均初霜冻日较基准气候状态下的平均水平均有不同程度的推迟，大部分地区平均初霜冻日会推迟 5～20d，尤以中部和北方地区最甚，这在一定程度上说明中部和北方地区今后受气候变暖影响的趋势较大，这主要是由于这些地区未来升温幅度较大；2021～2050 年我国各地日平均气温≥0℃的持续日数明显延长，大部分地区将延长 1～14d，其中 2041～2050 年，除华南地区外，青藏地区大部、长江中下游地区大部、甘肃和新疆西部、西南地区北部均将延长 49d，主要表现为日平均气温≥0℃出现的初日提前和终日推迟。无霜期和积温增加可能使作物的生长期延长，种植区域北界向北推。温度的上升也将使作物生育期内高温热害发生频率增加，尤以长江中下游地区高温热害最为明显；与此同时，气候变暖也将使越冬病虫卵蛹死亡率降低，使越冬虫源、菌源基数增加，加重病虫害对农业生产的危害程度，应重点予以防范。未来 30 年的农业发展应根据我国各地区热量资源变化特点及作物生物特性等，优化适宜种植区、调整种植制度，抓住机遇，加快新作物新品种扩种的步伐。

未来 30 年我国降水量的总体变化不大。西部干旱（半干旱）区的降水量会稍许增加，东北和中南大部降水量会稍许减少，华南地区会稍许向暖干变化，其他地区年际变率比较正常。未来应重点关注干旱的发生频率和强度等变化，也应注意极端强降水的发生。华北平原是我国冬小麦、夏玉米主要种植区域，但华北平原参考作物蒸散量有降低趋势，华北平原水分也有所亏缺，发生干旱的概率较大，应予以重点关注。

近40年来，我国光合有效辐射资源总体下降趋势显著，且未来30年仍可能继续保持小幅下降趋势。在下降的过程中，尤以东部和南部地区下降最为明显，在人类活动较剧烈的东部地区，光合有效辐射量的下降主要是由气溶胶的增多所致，主要表现为轻雾和霾的增加；在南部地区，则主要是由气候湿润化的大背景所致，主要表现为低云和水汽的增加。光合有效辐射量及日照时数对作物的生长发育有着直接的影响。在光合有效辐射量下降的地区理论上作物生产潜力将有所下降，应注意协调温度、土壤和降水条件，充分利用光能资源，或者选育优质品种；在光合有效辐射量上升的地区理论上作物生产潜力将有所上升，可以合理扩大种植规模。冬小麦为长日照作物，日照时数过少将不利于幼穗分化，华北平原为冬小麦主要种植区域之一，根据上述分析，日照时数将有所缩短，该区域应注意合理调整播种时间、合理优化种植品种。水稻为短日照作物，若日照时数过多则影响抽穗。日照时数有所增加的长江中下游、东北一季稻及华南双季稻局部种植区域应合理规划种植制度。

2）农业水资源特征与变化趋势

水资源即可供工农业生产和人们生活开发利用的含较低可溶性盐类而不含有毒物质的水分来源。该水分来源应具有足够的数量和合适的质量，并满足某一地方在一段时间内具体利用的需求，通常指逐年可以得到更新的那部分淡水量。水资源是一种动态资源，包括地表水、土壤水和地下水，而以大气降水为基本补给来源。地表水是指河川、湖泊、塘库、沟渠中积聚或流动的水，一般以常年的径流量或径流深度表示；土壤水是指耕层土壤土粒的吸湿水和土壤毛管水；地下水是指以各种形式存在于地壳岩石或土壤空隙（孔隙、裂隙、溶洞）中可供开发利用的水。水资源对农业生产具有两重性：它既是农业生产的重要条件，又是洪涝、盐渍等农业灾害的根源。

我国农业用水量减少。全国农业用水量在1990年达到最高值，为

4367 亿 m^3；之后农业用水量缓慢下降，直至 2003 年降到最低值，为 3433 亿 m^3；近 20 年来，农业用水量平均为 3731 亿 m^3。农业用水比例由 1949 年的 97.1%下降到 2010 年的 61.3%后，又持续上升。从用水量变化过程看，我国用水量在 2003 年之后总体缓慢上升，从 5566 亿 m^3 上升到 6038 亿 m^3；农业用水量近 20 年减少 3.92%，其演变过程与水资源总量演变过程具有高度一致性，都在 2001～2003 年明显下降，此后缓慢上升；同时，工业用水量和生活用水量及其比例总体上升，从 2003 年我国将生态用水纳入水资源统计范畴后开始有数据，生态用水量到 2019 年增至 249.6 亿 m^3，而其他部门生态用水量非常少，且在低水平保持增长。从用水结构变化过程看，工业用水量、生活用水量和生态用水量始终保持着增长趋势，随着中国城镇化、工业化进程的加快，农业用水量必将被挤占，导致农业用水量只能是零增长，甚至呈现负增长态势。

从时间角度对全国、南北方及十大水资源一级区（长江区、黄河区、淮河区、海河区、珠江区、松花江区、辽河区、东南诸河区、西南诸河区、西北诸河区）水资源总量的变化过程进行分析，结果表明：从全国尺度来看，我国水资源总量总体呈波动变化，2011 年总量较 2010 年突降 24.75%，2012 年全国水资源总量出现陡增，较 2011 年增加 26.96%，在 2014 年之后持续攀升，全国水资源总量波动与南方水资源波动表现出高度一致性；从水资源一级区尺度来看，长江区水资源总量波动最为剧烈，珠江区和松花江区水资源总量波动幅度也较大，其中长江区在 2012 年水资源总量的陡增现象与全国变化情况高度一致。

农业生产与水资源分布错位。我国水资源时空分布不均和水土资源分布严重错位，全国大部分地区 6～9 月的降水量超过全年降水总量的 60%。过于集中的降水不能被作物充分吸收利用，使大量的水资源得不到有效利用，占国土面积 65%、人口数量 40%和耕地面积 51%的长江、淮河以北地区的水资源量仅为全国水资源量的 20%左右，水土资源分布严重不匹配。虽然中国农业产出总量维持了越来越多的人口需求，但区域间水土资源不均衡及区域水资源的相对短缺已经成为影响农业生产和制约国家粮食安全的瓶颈。总的来说，在农业水资源总量受限的情况下，我国需要基于水资源利用效率提升进行农业水资源的合理配置和科学管理。

3）农业土地资源特征与变化趋势

我国国土辽阔，土地资源总量丰富，而且土地利用类型齐全，这为我国因地制宜全面发展农林牧副渔业生产提供了有利条件。但我国土地资源一直以来具有4个基本特点：①绝对数量大、人均占有量少；②类型复杂多样，耕地比重小；③利用情况复杂，生产力地区差异明显；④地区分布不均，保护和开发问题突出。在全部土地资源中，难以开发利用和质量不高的土地占了较大比例。例如，砂质荒漠、戈壁、石质裸岩、冰川和永久积雪面积共计占国土总面积的 18%以上，改造、利用难度很大，而对中国食品安全至关重要的耕地所占比重仅为 10%左右（约 134.9 万 km²）。

我国耕地面积的确切数字因统计实施机构、统计口径等不同一直不够明确。分省来看，2000 年以来，耕地面积减少最多的省（自治区、直辖市）依次为陕西、河北、四川、内蒙古、山西、甘肃、宁夏、广东、重庆、贵州、云南、湖北、江苏、安徽、浙江、广西、河南、江西；它们的耕地减少面积均为 20 万亩（1 亩≈666.7m²）以上。在第三次全国国土调查（简称"三调"）前后，从区域尺度来看，增加的耕地主要分布在"三北"地区（东北地区、华北北部地区、西北地区），华南地区是唯一耕地减少的区域。从省级尺度来看，26 个省（自治区、直辖市）耕地面积增加，减少的仅 5 个，分别为北京、上海、江苏、广东和陕西，除陕西外，其他 4 个省（直辖市）都是中国经济最为发达的区域。耕地面积减少居前 2 位的省为广东和江苏。耕地面积增加居前 5 位的省（自治区）分别是黑龙江、内蒙古、吉林、新疆和辽宁，横贯我国北方。从耕地类型来看，水田、水浇地面积呈现北增南减趋势，旱地面积的增减主要分布在北方地区，增减的空间分布集中，全国 23 个省（自治区、直辖市）旱地面积增加，旱地面积减少的省集中分布在黄淮海平原。

事实上，由于调查技术的进步，"三调"数据揭示了由于历史和制度等原因少报和瞒报而没有纳入统计的耕地数量。尽管在数量上各类耕地面积有所增加，但其质量不容乐观。1990 年以来，中国的耕地分布重心持续由南向北移动，加剧了水土资源的不协调性，从而影响耕地的质量。"三调"前全国有 564.9 万 hm^2 耕地位于东北、西北地区的林区、草原，以及河流湖泊最高洪水位控制线范围内。就耕地坡度而言，坡度在 15° 以上的耕地面积为 1615.2 万 hm^2，占全国耕地总面积的 12.0%；坡度在 25° 以上的耕地（含陡坡耕地和梯田）面积为 549.6 万 hm^2，占全国耕地总面积的 4.1%。就耕地有无灌溉设施而言，有灌溉设施的耕地面积为 6107.6 万 hm^2，占全国耕地总面积的 45.1%，不到全国耕地总面积的一半，主要分布在东部和中部地区；无灌溉设施的耕地面积为 7430.9 万 hm^2，占全国耕地总面积的 54.9%，主要分布在西部和东北地区。

林地资源是林地及其所生长的森林有机体的总称，包括森林、林木、林地，以及依托森林、林木、林地生存的动植物和微生物。林地类型有乔木林地、灌木林地、疏林地、林中空地、火烧迹地、采伐迹地、国家规划宜林地和苗圃地。我国地貌类型众多，地势基本呈现东低西高的阶梯状分布，其间山脉纵横排列，山地面积广大，江河湖泊众多，这些均对林地资源的分布起着决定性的作用。从森林资源看，第九次全国森林资源清查成果——《中国森林资源报告（2014—2018）》显示，全国森林面积为 2.2 亿 hm^2，森林覆盖率达 22.96%。全国活立木总蓄积量达 185.05 亿 m^3，其中森林蓄积量为 170.58 亿 m^3，占全国活立木总蓄积量的 92.18%；疏林蓄积量 1.00 亿 m^3，占全国活立木总蓄积量的 0.54%；散生木蓄积量 8.78 亿 m^3，占全国活立木总蓄积量的 4.74%；四旁树蓄积量 4.69 亿 m^3，占全国活立木总蓄积量的 2.53%。2018 年全国森林植被总碳储量为 91.86 亿 t，与第八次全国森林资源清查结果相比，2014～2018 年森林植被总碳储量增加了 7.59 亿 t，等同于增加二氧化碳吸收量 27.83 亿 t，相当于吸收了同期与能源相关的中国二氧化碳排放总量（约为 554.06 亿 t）的 5.02%。

从林地资源的变化趋势看，历次全国森林资源清查结果的数据显示，近 50 年来我国林业用地面积大致保持上升趋势，只有在第四次全国森林资源清查时林业用地面积略有降低。但是随着我国退耕还林工程实施以来，林业用地面积呈现显著上升趋势，最近几次（第七次、第八次和第九次）全国森林资源清查结果显示，林业用地面积持续增加，截至 2022 年全国林业用地面积已达 3.24 亿 hm²。

草地生态系统是陆地生态系统中最重要、分布最广的生态系统类型之一。草地资源具有维持畜牧业生产、保持水土和净化环境等功能，是我国非常重要的一种可再生自然资源。我国草地资源丰富，天然草地总面积居世界第二位。坡面草地主要分布于秦岭山区、广西北部和云南南部，这些地区降水量丰富、植被茂密，草地覆盖度为 60%～80%，在 1982～2010 年全国坡面草地的平均草地覆盖度为 61.4%（Zhou et al.，2014）。草甸植被分布区主要包括温带半湿润气候区的内蒙古东北部、黑龙江和吉林西部，以及祁连山地区，草地覆盖度为 40%～60%，在过去近 30 年全国草甸植被分布区的平均草地覆盖度为 41.5%。高山亚高山草甸分布区位于青藏高原南部及祁连山地区、天山南坡和阿尔泰山地区，草地覆盖度为 30%～60%，各分布区草地覆盖度自东南向西北呈现递减趋势，在过去近 30 年全国高山亚高山草甸分布区的平均草地覆盖度为 40.1%。平原草地主要分布于呼伦贝尔地区、内蒙古中部及宁夏南部，草地覆盖度为 20%～40%，在过去近 30 年全国平原草地的平均草地覆盖度为 29.8%。高山亚高山草地主要分布于西藏西部和青海西部，草地覆盖度为 10%～30%，在过去近 30 年全国高山亚高山草地的平均草地覆盖度为 17.5%。荒漠草地主要分布于内蒙古中西部及昆仑山地区，草地覆盖度低于 20%，在过去近 30 年全国荒漠草地的平均草地覆盖度为 17.1%。

在草地资源的变化趋势上，过去近 30 年全国草地覆盖度极显著增加的区域主要分布在内蒙古毛乌素沙地地区、青藏高原北部的昆仑山地区、西藏西部、新疆西部，以及天山南坡；草地覆盖度呈显著增加的区域主要分布在青藏高原中部、河西走廊中段地区；草地覆盖度增加不显著的区域主要分布在内蒙古浑善达克沙地、宁夏东北部和青藏高原中部地区。草地覆盖度呈极显著减少的区域主要分布在内蒙古呼伦贝尔沙地地区、天山和阿尔泰山地区，以及青藏高原东南部；草地覆盖度呈显著减少的区域主要集中在科尔沁沙地地区；草地覆盖度减少不显著地区主要分布在浑善达克沙地和呼伦贝尔草地东部地区。不同草地的覆盖度在 1982～2010 年呈波动增加趋势。

从未来 20 年我国草地面积的空间变化预测来看,在当前的发展趋势下,我国草地面积将呈现减少的趋势,其中西藏、青海、宁夏和内蒙古的中部和南部草地面积减少得最为明显。在发展优先的背景下,未来20 年我国草地面积将主要以减少为主,其中西藏地区大部、青海西北部,以及内蒙古西南部减少得最为明显。在保育优先的背景下,新疆西北部、西藏地区大部、青海大部、宁夏西南部,以及内蒙古中南部和东北部草地面积增加得较为明显,甘肃南部和内蒙古南部则出现小幅减少的趋势。

2. 影响农业环境的主要生产资料使用情况

1)化肥投入总量与变化趋势

　　为了满足人口日益增长且逐渐富裕的人们对粮食、蔬菜和畜产品的需求,中国在过去 40 多年里实施了一系列政策鼓励合成肥料(化肥)的生产和施用,我国已成为全世界最大的化肥生产国和消费国。中国农业生产中的化肥投入量增长十分迅速,1978 年化肥投入量仅为 884 万 t(折纯),2015 年达到历史峰值(6023 万 t),此后 5 年虽有所下降,但平均化肥投入量仍高达 5859 万 t。《中国统计年鉴》的数据表明,按耕地面积计算,1980 年中国耕地的化肥施用强度为 $94.83kg/hm^2$,2012 年则增长到 $480kg/hm^2$,增幅达 5 倍左右。

　　由于中国各地自然条件和社会经济发展程度的差异,化肥施用强度表现出明显的地域差异。2012 年化肥施用强度大、超过 $690kg/hm^2$的前 5 个省是福建、广东、河南、湖北、江苏,福建的化肥施用强度最大,为 $908.7kg/hm^2$,是化肥施用强度最小的西藏自治区($137.99kg/hm^2$)的 6.6 倍。化肥施用强度低于 $200kg/hm^2$ 的 7 个省(自治区)是西藏、青海、甘肃、黑龙江、贵州、内蒙古、山西,这也是氮肥施用强度最小、低于 $150kg/hm^2$ 的 7 个省(自治区)。

　　总体来看,中国化肥投入的基本趋势是东南投入多、西北投入少。化肥施用强度最高和最低的地区相差 5.6 倍,其中氮肥施用强度相差 7.2倍,磷肥施用强度相差 6 倍,钾肥施用强度相差 8.6 倍。随着中国对粮食的需求不断增加和单位耕地面积耕种强度的不断加大,化肥施用强度总体增加和区域差异扩大的趋势仍会继续。

在化肥投入的变化趋势上，预计在种植结构渐趋稳定的前提下，未来 20 年化肥施用强度将有较小幅度的提高。播种面积的调整对化肥施用量的增加起抑制作用：未来我国城市化水平将进一步提高，耕地面积进一步减少，也会减缓化肥施用量的增加幅度。这种趋势在城市化程度较高的东部地区更为明显。但这也将对耕地的集约化使用及土地对化肥污染的承载能力提出更高的挑战。因此，未来仍需要加大政策力度来降低化肥施用强度、提高化肥利用率。从地区分布来看，上海、北京、天津、贵州、辽宁、河北、四川化肥总施用量将会有不同程度的减少，其他省（自治区、直辖市）化肥总施用量会有所增加。其中，西藏、青海、宁夏、福建、浙江、江西、湖南等省（自治区）的提高幅度将会较大。未来我国仍需要严格控制化肥施用强度，减少化肥的投入，尤其是东部地区。如果不采取有效的政策措施，过量施用化肥将对当地生态环境造成较大压力。

2）农药投入总量与变化趋势

我国是农药生产大国，为防控农业病虫害，农业生产中农药的施用必不可少。从全国农药施用总量来看，我国农药施用量逐年增长，由 1991 年的 76.5 万 t 增长至 2015 年的 178.3 万 t，增幅达 1.3 倍，年均增速 3.4%，远远超过了同时期我国粮食产量年均 1.4% 的增速。其中，2004～2014 年农药施用量持续增长，2014 年施用量达到峰值，为 180.8 万 t，2015 年农业部提出农药施用量零增长行动，之后我国农药需求稳中有降，2019 年农药施用量为 145.6 万 t。

从近 30 年我国农药施用量的空间分布来看，仅有 4 个省（直辖市）（北京、上海、浙江和青海）的农药施用量有所下降，27 个省（自治区、直辖市）的农药施用量明显增加，占全国农药施用量的 87.1%。其中，增幅较大（4.05%～8.98%）的省（自治区）大多集中在东北平原（黑龙江、吉林）、华北平原（山东、河南）、长江中下游平原（安徽、湖北、湖南、江西）、河套平原（甘肃）和云贵高原（云南、广西）等农业主产区，占全国农药施用量的 35.5%；农药施用量变化居于中等水平（2.36%～4.05%）的省（自治区）（内蒙古、辽宁、山西、河北、广东和海南）共计 6 个，占全国农药施用量的 19.4%；农药施用量低增长（0.01%～2.36%）和施用量减少（-0.98%～0）的省份大多集中于东部沿海农业发达地区、中部农业产值比重较低地区及西部生态保护区，占全国农药施用量的 45.3%。

在农药施用的变化趋势上，伴随着人们对无公害农产品需求的增加、公众对食品安全的关注，以及政府对农药施用的限制，预计未来 20 年，农药施用量将保持下降趋势，并在未来稳定在一定水平；从省级施用情况来预测，目前我国农药施用量超过 10 万 t 的省份为山东、河南、湖北、湖南及广东等，这些省份农业禀赋好、经济作物比例高、复种指数高，农药施用量基数也高。但随着我国高效农药施用比例提高、统防统治的实行、精准施药等各种方法的叠加，可以预见这些省份农药施用量将会逐年下降。

3）农用地膜投入总量与变化趋势

地膜即地面覆盖薄膜，通常是透明或黑色聚乙烯（polyethylene，PE）薄膜，也有绿色、银色薄膜。地膜看上去薄薄一层，但作用相当大，它不仅能够提高地温、保水、保土、保肥、提高肥效，还具有灭草、防病虫、防旱抗涝、抑盐保苗、改进近地面光热条件、使产品卫生清洁等多项功能。对那些刚出土的幼苗来说，地膜具有护根促生长等作用。针对我国"三北"地区低温、少雨、干旱贫瘠、无霜期短等限制农业发展的因素，地膜具有很强的针对性和适用性，对两季水稻育秧及多种作物栽培也起重要作用。1978 年，我国农林部通过对外科技交流，从日本引进一整套的地膜覆盖技术，包括作业方法、专用地膜和覆盖机械。经过几年的消化吸收，并与中国传统农业耕作技术相结合，形成了具有中国特色的地膜覆盖栽培技术体系，为地膜的大面积推广应用提供了必要的技术、人力和物质条件。总体来看，2010 年以来中国地膜覆盖面积较为稳定，维持在 1500 万 hm² 以上。但由于使用地膜对环境造成了严重破坏，地膜使用量在近年整体呈下降趋势，2019 年中国地膜使用量为 137.9 万 t，较 2018 年减少了 3 万 t，占农用塑料薄膜总使用量的 57.3%。中国地膜使用量最多的地区为新疆，2019 年新疆地膜使用量为 242 674t；其次为甘肃，地膜使用量为 111 649t；山东排名第三，地膜使用量为 101 591t。2019 年中国地膜覆盖面积最大的 3 个省（自治区）为新疆、山东、内蒙古，地膜覆盖面积分别为 354.80 万 hm²、176.78 万 hm²、141.59 万 hm²。

在地膜使用的变化趋势上，随着人们对农业生产污染环境的日益重视，预计传统地膜的使用量及覆盖面积在未来 20 年将保持快速下降的趋势；同时，随着政策因素对地膜使用的导向性逐渐增强，如海南、东北 3 省都出台了可降解地膜试点、补贴政策，可以预见未来可降解地膜的使用量和覆盖面积将会大幅增加。

3. 农业生态系统状况与演变趋势

1）我国农业生态系统结构与功能特征

农业生态系统是人们运用生态学原理和系统工程方法，利用农业生物与环境之间，以及生物种群之间相互作用建立起来的，并按社会需求进行物质生产的有机整体，是一种被人类驯化、较大程度上受人为控制的自然生态系统。

从农业生态系统结构来看，我国农业生态系统呈现五大特点。第一，结构复杂化。其主要表现为区域性特色农业发展迅速，呈现区域网络化，地理标志和原产地保护意识不断增强；传统的种养业向一二三产业全面发展，各种农副产品的加工继续沿着深度化和精细化发展，农业生态系统的产业链条不断延长，农产品的附加值越来越高。第二，功能增大化。从依靠资源消耗型的传统增长方式转向实施可持续发展战略，农业生态系统的开放程度和对外依赖水平越来越高。第三，边界缩小化。由于人口数量急剧增加和城市化进程加快，水土流失、草原沙漠化、湖泊富营养化和滩涂污染严重，我国农业生态系统中的耕地面积日趋缩减。目前，随着耕地保护政策的实行，这种趋势有所缓和。第四，波动显著化。我国多属大陆性季风气候，具有气候变化剧烈的特点，农业气象灾害发生的种类多、范围广、频率高、危害重。大气污染带来的酸雨危害、污水灌溉导致污染物在土壤中沉积，农业生产中大量施用化肥、农药等，使土壤污染越来越严重，这些都会显著影响农业生产的产量及质量。第五，效益增长缓慢化。衡量我国农业生态系统经济效益的几项指标（如土地生产率、劳动生产率、资源利用率、投入产出率等）与发达国家相比有很大的差距，虽然从事农业生产的人口比重很大，但效率有待进一步提高。

从功能特征来看，我国的农业生态系统功能主要包括 4 个方面。①供给功能，包括传统的粮食供给与水资源的供给功能，以及保障基本粮食安全的功能。②调节功能，包括调节洪涝、调节干旱、减缓或遏制土地退化及防控疾病等功能。③支持功能，包括促进土壤形成与维持生态系统养分循环等功能。④文化功能，包括承载传统农业文化、娱乐、精神、宗教，以及其他非物质方面的功能。

2）我国农业生态系统的演变趋势

我国农业现代化应该走什么道路，一直是人们十分关注的问题。从社会的发展进程来看，我国的农业生态系统结构伴随着农业生产技术、农业生产模式、市场需求和政府政策的改变发生着相应的变化。20 世纪 80 年代以来，我国农业建设在取得了巨大成就的同时也引发了森林破坏、水土流失、草原退化、土地沙化、水资源紧张、能源短缺和环境污染等一系列严重的生态问题，引起了人们的忧虑。在这样的背景下，进入 21 世纪后，生态农业的发展思路日益得到认可。整体来看，为追求经济上的规模效益与生态效益的统一，农户、企业通过多种方式组织起来，传统的分散的小农生产逐步演进成现代专业化、工业化的生产模式，市场不仅按照农产品品种细分，而且还逐渐扩大到由区域向国内再向国外直至全球市场来配置资源，通过发挥区域比较优势实现产业分工，形成以一乡一品、一地数业为特征的区域化布局、专业化生产、一体化经营和系统化管理的现代农业发展格局。

农业的根基是自然生态系统。自然生态系统的承载力有限，人们不可能无止境地对其进行替代，尤其是它的调节功能、文化功能和支持功能。可以预见，在生态文明思想的指导下，未来我国农业生态系统将更加高效、合理，系统内的物质循环、能量循环及系统适应性将大幅增强，同时呈现绿色、循环、可持续、优质、高效、特色的趋势。在未来 20 年，农业生态系统将以供给功能、调节功能为基础，以支持功能和文化功能为补充，逐步形成产业融合发展、资源高效利用、环境持续改善、产品优质安全的发展态势，在此基础上的生态农业将逐渐发展，形成农牧结合、粮饲兼顾、草畜配套、养殖循环、产加销一体化、资源永续利用的循环农业产业新格局。

2.3.3　农业发展趋势与需求分析

国际农业经历了机械化、化学化、信息化的串联式发展过程，现在已进入了智慧型、可持续发展的农业新阶段，从注重扩大资源要素逐渐过渡到注重科技创新、注重生态功能。FAO 正大力推进生态农业、气候智慧型农业等发展计划，以改善农业生态环境，提升农业适应气候变化的能力，实现农业可持续发展。未来 30 年是我国农业发展和转型的关键时期，我国农业必须从以牺牲资源环境为代价过渡到注重绿色发展、生态优先的农业发展方式上来。

1.　废弃物资源化利用

在可持续发展背景下，未来农业的发展必须走循环农业的路子，按照减量化、再利用、资源化的循环经济理念，推动农业生产由"资源—产品—废弃物"的线性经济，向"资源—产品—再生资源—再生产品"的循环经济转变。通过对农业生态系统的设计和管理，实现物质能量资源的多层次、多级化循环利用，不断实现废弃物资源高效循环利用，使整个农业生产步入可持续发展的良性循环轨道。

近年来，国家以提高资源利用效率为核心，大力推广应用节约型技术，促进农业清洁生产，为进一步推进循环农业发展奠定了基础。以下3 种模式在过去均得到有益探索并取得显著成效，未来也应进一步推广应用：①通过发展循环农业提高秸秆综合利用水平；②实施标准化规模养殖，推进适度规模养殖，实现养殖废弃物减量化；③加强农村沼气建设，使畜禽粪便得以有效利用。

2.　强化污染防控技术

农业面源污染已成为我国地表水体污染的重要来源之一，严重影响我国水生态环境安全，威胁着我国的饮用水安全，最终威胁我国农业的可持续发展和粮食安全，给我国社会、经济发展带来诸多不利影响。因此，在现有防控策略的基础上，应进一步深化基础研究，探索新的防控方向，进一步强化污染防控的技术集成与区域联控，提升生态服务功能，进一步加强技术的设备化和装备化，打好面源污染治理的攻坚战，为我国农业的可持续发展和生态环境的改善提供技术支持。

土壤污染治理对我国农业的绿色发展与可持续发展至关重要。首先，随着现代各工科行业的发展，污染物的种类和数量不再是单一情况，复合污染是当前土壤污染的常见形式。因此，土壤污染防治成为各交叉学科融合促进、共同改善的方向。其次，土壤的污染源常常是非点源的存在形式，具有潜在性、复杂性和隐蔽性的特点。因此，在防治过程中必须综合考虑各个方面，以免对最终的防治结果造成影响。最后，随着近年来生物技术的迅速发展，生物技术在土壤污染防治领域的应用十分广泛。但是，在实际防治过程中，需要十分注意生物多样性的保护问题，确保生物安全得到重视。

3. 发展新型业态

种养结合是种植业为养殖业提供饲料，并消纳养殖业废弃物，使物质和能量在动植物之间进行转换的循环农业。未来我国应继续大力发展种养结合等循环农业模式，以资源环境承载力为基准，进一步优化种植业、养殖业结构，开展规模化种养加一体化建设，逐步搭建农业内部循环链条，促进农业资源环境的合理开发与有效保护，不断提高土地产出率、资源利用率和劳动生产率，是既保粮食满仓又保绿水青山、促进农业绿色发展的有效途径。

未来现代农业生态系统应被赋予生产农产品、获取经济收益、提供就业和维持生态环境等多种功能，通过输入良种、技术、装备和现代管理，成为向社会提供优质安全的食物、为工业提供原料、为居民提供优美生活环境、为生产提供水土资源支撑的复合系统。在这一过程中，我国农业生态系统中的经济再生产过程由此逐渐被强化，农业为社会提供服务的功能也逐渐地多样化。

第3章

现代生态农业的概念与特征

3.1 概念与内涵

3.1.1 国际上生态农业的相关论述

东方拥有历史悠久的生态农业实践历程，诸多国际学者对此进行了研究，并形成了一系列具有较大影响力的论著。

英国植物学家艾伯特·霍华德在其经典著作——《农业圣典》(*An Agricultural Testament*) 中指出，亚洲的农业是一个相对稳定的农业系统。东方的农业实践已通过了最高水平的考试，东方的农业系统如同原始森林、草原和海洋一样是近乎永久性的。例如，中国的小农系统仍保持着稳定的产出，经过 4000 年管理后肥力仍无损失。……中国虽没有准确的统计数据，但从富兰克林·H. 金的记录中可以看出其与日本类似。1907 年，在山东，每平方千米 4943 人、412 头驴、412 头牛和 824 头猪。对 7 户农家访问后得出的平均结果是每平方千米 1783 人、212 头牛或驴、399 头猪；其密度相当于每平方千米耕地上接近 3218 个消费者（指人或大牲畜）和 644 个食物转换者（指猪）。1900 年美国的统计值是每平方千米 98 人、48 匹马和骡子。……粮食作物和饲料作物是首要的种植作物。东方农业的主要功能就是为耕种者和他们的牲畜提供食物。……东方的种植者吸取了人们在原始森林看到的自然方法，当以谷物为主要作物时，经常采用混合种植。谷类、小麦、大麦和玉米要与一种适宜的次要作物（如豆类）混合种植。谷类和豆类的混合种植似乎有益于双方，当二者共同生长时，它们的长势均得到了促进。……东方的农民已经预期并通过实践找到了解决这些问题的方法，而西方科学还仅停留在认识阶段。……种植和养殖间的平衡一直要维持。……人们还普遍种植豆科作物。

WCED 发布的《我们共同的未来》（*Our Common Future*）一书中指出，林业可以渗透到农业之中。农民可以采用农林复合经营系统生产食物和燃料。在这样的系统中，可以在同一块土地上种植或饲养一种或多种粮食作物或动物，虽然有时它们在时间上可能是交错的。这种技术对小农经济和土地贫瘠的地区尤为适用。农林复合经营系统在世界各地的传统农业中都有实践的例子。我们今天面临的任务是如何使这一古老的方法获得新生，并对其进行完善，使之与新的条件相适应，并不断创造出新的类型。

印度绿色革命的发起人遗传学家斯瓦米纳坦（Swaminathan）在其出版的专著《从绿色革命到常青革命——印度农业的实施与挑战》（*From Green to Evergreen Revolution. Indian Agriculture: Performance and Challenges*）中指出，健全的生态管理需要整体（系统）的思维和基于社区管理的途径，是一种强调生态与文化相一致的因地制宜的管理策略。生态农业管理包括土壤养分（宏观和微观）、集水、生物多样性保护，以及气候科学的预测等多个方面。

3.1.2　我国生态农业的相关论述

1981 年，著名生态学家马世骏在农业生态工程学术讨论会上提出了"整体、协调、循环、再生"生态工程建设原理。在《中国的农业生态工程》一书中，马世骏更加详细地阐述了他的思想：将生态工程原理应用于农业建设，即形成农业生态工程，也就是实现农业生态化的生态农业；生态农业是生态工程在农业上的应用，它是运用生态系统的生物共生和物质循环再生原理，结合系统工程的方法和近代科学成就，根据当地自然资源，合理组合农林牧副渔业，实现经济效益、生态效益和社会效益三结合的农业生产体系。《中国的农业生态工程》一书为我国的生态农业建设提供了理论基础，对我国生态农业的发展起到了至关重要的作用。

1982 年，中国农业经济学会召开了农业生态经济学术讨论会，会上叶谦吉首次提出"生态农业"的概念。同时，曲仲湘提出发展生态农场，并把菲律宾玛雅农场生态农业的经验介绍到中国。

1991 年 5 月，马世骏和边疆共同拟订的中国生态农业的基本内涵可以更详细地描述为：把现代科学技术与传统农业相结合，充分发挥自然资源优势，按照"整体、协调、循环、再生"的要求，全面组织农业生产，实现能量的多级利用和物质的循环再生，实现生态和经济两个良性循环及经济效益、生态效益、社会效益三大效益的统一。生态农业概念的提出，标志着中国生态农业理论体系的建立。

2007 年 3 月，习近平在《人民日报》发表的《走高效生态的新型农业现代化道路》一文中指出，发展现代农业，是推进社会主义新农村建设的首要任务。我国的国情决定了我国发展现代农业必须走具有中国特色的农业现代化道路。根据现代农业的一般特性，结合自身社会经济发展的实际，浙江在建设高效生态农业的产业体系和建立以工促农、以城带乡的现代农业发展机制方面进行了积极探索。发展现代农业，走具有中国特色的农业现代化道路，是党中央做出的重大战略决策。浙江应从农业发展进入新阶段的实际和农业自身的特点出发，坚持以科学发展观统领农业发展、以新型工业化理念引领农业、以新型工业化成果反哺农业、以新型城镇化带动农民转移，加快把传统农业改造成为有市场竞争力、能带动农民致富、可持续发展的高效生态农业，走新型农业现代化道路。习近平强调，我国农业人口多、耕地资源少、水资源紧缺、工业化城镇化水平不高的国情，决定了发展现代农业既不能照搬美国、加拿大等大规模经营、大机械作业的模式，也不能采取日本、韩国等依靠高补贴来维持小规模农户高收入和农产品高价格的做法，而必须探索一条具有中国特色的现代农业发展之路。在全面分析浙江资源禀赋、社会经济发展水平和农业发展新形势的基础上，我们做出了大力发展高效生态农业的战略决策，把高效生态农业作为浙江现代农业的目标模式，把发展高效生态农业作为浙江发展现代农业的具体实践形式。高效生态农业是以绿色消费需求为导向，以提高市场竞争力和可持续发展能力为核心，具有高投入、高产出、高效益与可持续发展的特性，集约化经营与生态化生产有机耦合的现代农业。高效生态农业既具有现代农业的一般特性，又反映了人多地少的经济较发达地区农业发展的特殊性。发展高效生态农业，既符合中央的要求，又紧密结合浙江的实际。概括起来，就是坚持以科学发展观为统领，走经济高效、产品安全、资源节约、环境友好、技术密集、凸显人力资源优势的新型农业现代化道路。实践证明，生态农业的理论和科技内涵，不仅对当前农业和农村工作有指导意义，而且对解决农业深层次发展问题也具有长远的战略意义。

3.1.3　现代生态农业的概念与内涵

基于学者们提出的生态农业的概念，结合当前的时代背景和社会经济发展需求，本书将现代生态农业进行了如下定义。

现代生态农业是在农业生态系统的经营过程中，以生态文明的理念为指导，根据生态学、生态经济学和生态工程学的理论基础，因地制宜地利用传统和现代的技术实现经济发达、资源节约、环境友好的可持续的复合农业生态系统。现代生态农业的内涵可以从科学理论、发展目标、技术特点、生产结构、管理特点和发展前景 6 个方面进行阐释（李文华，2018）。

从科学理论来看，现代生态农业要求运用生态系统理论、生态经济规律和系统科学方法，遵循"整体、协调、循环、再生"的基本原理，要求跨学科、多专业的综合研究与合作。

从发展目标来看，现代生态农业以协调人与自然的关系为基础，以促进农业和农村经济发展、社会可持续发展为主攻目标，要求多目标综合决策，从而实现生态效益、经济效益、社会效益的统一。

从技术特点来看，现代生态农业不仅要求继承和发扬传统农业技术的精华，注意吸收现代科学技术成果和方法，而且要求对整个农业技术体系进行生态优化和技术集成，并注重现有技术的推广。

从生产结构来看，现代生态农业是以生物组分为核心的生物-社会-经济复合系统，具有多种生产功能。它强调农林牧副渔大系统的结构优化和"接口"强化，可形成生态经济优化、具有相互促进作用的综合农业系统。

从管理特点来看，现代生态农业要求把农业可持续发展目标与助农致富结合起来，既注重各专业和行业部门专项职能的充分发挥，更强调不同层次、不同专业和不同产业部门之间的全面协作，从而建立一个协调的综合管理体系。

从发展前景来看，现代生态农业紧密结合可持续发展战略，关注农村可持续发展的文化、环境、经济、社会等方面，可以在现有农户、农田水平，或流域、区域水平上实现，是具有中国特色、适应中国国情的农业可持续发展道路。

3.2　特征与标准

3.2.1　现代生态农业的基本特征

1．与西方生态农业的区别

西方生态农业是英国学者基利·沃辛顿（Kiley Warthington）于 20 世纪 80 年代初倡议的，其出发点在于追求小规模的、封闭式农业系统的生态循环合理性。这一学说对西方盛行的大规模、高投入农业模式具有强烈的针对性和批判性。1993 年基利·沃辛顿对其倡导的生态农业按照可持续农业的精神做了部分修改，其正式的定义为：建立和维持一种生态上能自我支持、低投入，经济上有活力的小农经营系统，在不引起大规模和长期性环境变化或者在不引起道德及人文社会方面不可接受的问题的前提下，最大限度地谋求增加净生产。

西方生态农业是 20 世纪 70～80 年代涌现出的反思常规现代化农业、试图探索新途径的众多思想中的一种。这些思想在当时也是推动全球农业可持续发展思潮的重要力量。西方生态农业从一开始就强调低投入，这显然与其已有的物质投入水平过高有关，但更主要的还是倡导者宁可牺牲农业的生产力，也要追求回归自然的思想在起作用。因此，只能吸收少数人进行一些带理想主义色彩的试验。相反，中国生态农业的倡导者一开始就强调追求高的土地生产力。按照生态学原理，只有首先做到第一性生产力（植物光合作用）尽可能大，才能有足够的能量进入整个农业系统，从而有可能进入良性循环状态。为此，决不排斥必要的物质和能量的较多量的投入。同时，中国生态农业也特别强调大幅提高投入的利用效率，以便一方面降低成本、减轻对外部投入的过分依赖，另一方面又从根本上排除化肥、农药、厩肥等残留污染土壤和水的可能性。

更为重要的区别还在于西方生态农业只是针对单个农户或小农场进行的某种农作的生态设计，其局限性显而易见。中国生态农业则强调用生态经济原则指导农林牧副渔各业，并对整个农业乃至农村及农村系统进行合理布局和设计。因此，它小可以指导单个生态农户或生态村的建设，大可以指导一个县或市（地区）域的以农业为中心，涉及其他各行业发展的建设，如生态县、生态市等。因此，中国生态农业具有的广泛群众参与性是西方生态农业根本无法比拟的。

2. 基本特征

1）循环

中国生态农业是将生态系统与生态经济学理论运用于农业实践的具体表现形式，实现生态经济的良性循环是我国生态农业的本质特征。它遵循"整体、协调、循环、再生"的基本原理，从生态经济系统结构合理化入手，建立生态优化的农业体系。中国的生态农业特别强调农林牧副渔大系统的结构优化和系统内各生产环节之间的"接口"强化，通过产业链接，既可充分发挥各个专业和行业部门的专项职能，又能加强不同层次、不同专业和不同产业部门之间的全面协作，形成了生态经济系统良性循环的产业结构和综合管理的经济体系。中国传统生态农业中的桑基鱼塘、稻田养鱼、稻鱼鸭复合系统，以及农林复合经营系统等发展模式，已较好地体现了当今我们所倡导的减量化、再利用、再循环的循环经济理念。在传统生态农业知识与现代农业技术相结合的基础上形成的南方猪-沼-果、北方"四位一体"等现代生态农业模式，更是从理论与实践两个方面证明生态农业通过不同生产过程之间的横向耦合及资源共享，达到了变污染负效益为资源正效益的作用（张予 等，2015）。

2）绿色

中国的生态农业是绿色的农业，它的一个重要目标是解决农业生产中的环境污染和产品质量问题。在中国的传统生态农业中，常通过生态关系调整、系统结构功能整合等方面的微妙设计，利用各个组分的互利共生关系，提高资源的利用效率，以及利用农作物的抗性和品质，控制农业有害生物，尽量减少农产品生产过程中化肥、农药的使用，这使中国的生态农业在生产绿色农产品方面具有天生优势。当前，中国生态农业的绿色性更是体现在以维护和建设产地优良的生态环境为基础，以产出优质安全的农产品和保障人体健康为核心，以倡导农产品标准化为手段，形成稳产、高产、高效的农业生产模式，它强调系统地解决中国的农业问题，将农产品安全、生态安全、资源安全和农业综合效益视为一个不可分割的整体（张予 等，2015）。

3）低碳

中国的生态农业通过生产工艺流程间的横向耦合，极大地促进了资源的共享，提高了能源、资源的利用效率，从而减少了农业生产活动中能源、资源的投入，以及环境污染物的排放，体现了低碳经济"低能耗、低污染、低排放"的特征。农业生产是全球温室气体排放的第二大重要来源，而水稻种植则在农业生产活动的温室气体排放中占据重要位置。在中国生态农业的稻鱼共生系统中，鱼类的活动搅动了土壤，同时杂草和浮游生物的呼吸作用减弱，单位面积甲烷排放量平均可减少31.42%。此外，生态农业中农村沼气工程的实施，可以减少农村生产、生活过程中对薪柴及化石燃料和电能的消耗，也可减少温室气体排放（张予 等，2015）。

4）高效

高效始终是我国生态农业的出发点和落脚点，它包括高的效益和效率两个方面。我国生态农业所追求的高效率包括高的投入产出率、高的能源资源利用率及高的土地产出率等。与西方生态农业宁可牺牲农业的生产力也要追求回归自然的思想所不同的是，中国生态农业的倡导者一开始就强调追求高的土地生产力，因为生产力水平是判断一个系统成功

与否的关键，这一目标通过在时间与空间上改善系统的结构、增加系统
中的养分循环和强化对系统的管理来实现，而不仅是通过增加对系统的
投入来实现。生态农业的核心是从单纯追求经济效益的最大化，转变为
追求经济效益、社会效益和生态效益的全面提高。一方面，它突破了单
一狭隘的产业限制，通过多种物质产品的提供来满足管理者的经济需
求；另一方面，它将努力克服或转移单一种植所可能面临的风险，特别
是降水异常、市场波动、病虫害、杂草，以及肥料成本过高等带来的经
营风险，从而比一般的农业生产类型具有更高的稳定性，能带来更多的
经济效益（张予 等，2015）。

3.2.2 现代生态农业的标准体系

1. 与生态农业相关的农业标准

1）有机农业标准

有机农业标准是控制从种植业（包括粮食、饲料和纤维）、畜牧和
家禽、水产、林业的田间生产到加工成最终消费产品的一个完整的基础
性指导法规，包含了种植业、畜牧和家禽饲养业、水产业、林业等方面
的要求，涵盖生产过程、管理、收获、加工和包装、标签等各个方面。
有机农业标准强调对过程的监管，以化学合成品、激素、基因工程为控
制重点，以诚信作为其执行的基础（吴卫华，2003）。

国外有机农业标准以国际有机农业运动联盟（International Federal
of Organic Agriculture Movement，IFOAM）、FAO 和国际食品法典委员
会（Codex Alimentarius Commission，CAC）、欧盟、美国农业部等制定
的有机农业标准比较有代表性且较为成熟（吴卫华，2003）。20 世纪 80
年代，IFOAM 制定并首次发布了《有机农业和食品加工标准》（*Basic
Standards for Organic Production and Processing*），之后经过不断的修改、
完善，现已成为许多民间机构和政府机构在制定或修订自己的标准或法
规时的主要参考依据。美国、欧盟国家、日本等也相继出台了相应法律、
法规来规范有机生产。世界各国、组织的有机农业标准虽然各不相同，

但基本都包括了植物生产、畜禽养殖、野生采集、食用菌栽培、蜜蜂养殖、水产养殖、产品加工等方面。其中，野生采集部分在国际上具有良好的互认基础，其次是蜜蜂养殖和产品加工，再次是植物生产和畜禽养殖，最后是食用菌栽培和水产养殖（乔玉辉 等，2013）。

我国有机农业生产标准是在 IFOAM 和欧盟的有机标准框架下制定的，现按照《有机产品 生产、加工、标识与管理体系要求》（GB/T 19630—2019）执行。国家标准包括生产、加工、标识和销售、管理体系 4 部分内容，并对允许使用的物质和生产措施进行了说明和规范（表 3-1）。

表 3-1   我国有机农业认定标准简述

类别	内容概括
第 1 部分：生产	标准涵盖基本要求，以及植物生产、野生采集、食用菌栽培、畜禽养殖、水产养殖、蜜蜂养殖的生产要求
第 2 部分：加工	标准涵盖了基本要求，以及食品和饲料、纺织品的加工要求
第 3 部分：标识和销售	标准涵盖了标识、有机配料百分比的计算、中国有机产品认证标志、销售的标识要求
第 4 部分：管理体系	标准涵盖了基本要求，以及文件要求、资源管理、内部检查、可追溯体系和产品召回、投诉、持续改进等管理体系要求

资料来源：中国国家认证认可监督管理委员会，2019。

在作物种植方面，《有机产品 生产、加工、标识与管理体系要求》（GB/T 19630—2019）要求有机生产基地应远离城区、工矿区、交通主干线、工业污染源、生活垃圾场等。同时，土地环境质量、灌溉用水水质、环境空气质量等都应符合国家提出的相关标准，且有机生产区和常规生产区必须设置缓冲带和栖息地。常规农田转换成有机农田必须经过 2～3 年的转换期，转换期的开始时间是从提交认证申请之日算起，一年生作物的转换期一般不少于 24 个月，多年生作物的转换期一般不少于 36 个月，转换期内必须完全按照有机农业的要求进行管理。禁止在有机生产体系或有机产品中引入或使用转基因生物及其衍生物，包括植物、动物、种子、花粉、繁殖材料及肥料、土壤改良物质、植物保护产品等农业投入物质。存在平行生产的农场，常规生产部分也不得引入或使用转基因生物。在作物种植期，对种子与种苗选择、作物栽培、土肥管理、病虫草害防治、污染控制、水土保持和生物多样性保护等做了详细规定（刘晓梅 等，2016；张国庆 等，2020）。

2）可持续农业标准

可持续农业的概念由来已久，按照可持续农业的目标，可持续农业要求农业和农村发展需要确保食品安全、增加农村就业和收入、根除低收入、保护自然资源和环境（祝光耀和张塞，2016）。2010 年，名为"可持续农业网络"（sustainable agriculture network，SAN）的非营利性环保组织提出了一套可持续农业标准，旨在通过一个激励农民持续改善的过程来消除农业生产活动导致的环境风险和社会风险，该标准以环境稳固、社会公平和经济可行为基础，包括社会与环境管理体系、生态系统保护、野生动物保护、水资源保护、工人的平等对待与良好的工作条件、职业健康与安全、社区关系、农作物综合管理、土壤管理与保护、综合废弃物管理 10 个方面（表 3-2）。

表 3-2　SAN 提出的可持续农业标准

类别	内容概括
社会与环境管理体系	社会与环境管理体系是一系列的政策和程序，并由农场管理层或者团体管理者管理，在一定程度上用以计划和推动本标准所要求的最佳管理实践的实施。社会与环境管理体系是动态的，随现实情况变化而调整。它包括内部的结果和外部的评估，以鼓励和支持农场持续不断的改进。社会与环境管理体系规模和复杂程度取决于农场经营的风险水平、规模、复杂程度，农作物种类，以及农场的内外部环境和社会因素
生态系统保护	自然生态系统是农业和农村的基本组成部分。固碳、作物授粉、虫害控制、生物多样性维护、水土保持仅是农场自然生态系统提供的部分服务。可持续农业标准认证下的农场可以保护这些自然生态系统并开展相关活动来恢复退化的生态系统。重点是恢复不宜农耕区的自然生态系统，如重建对水道起重要保护作用的河岸林。SAN 认为，如果是在可持续方式下进行管理，生产木材和非木质林产品的森林和农场将是提高农民多元化收入的潜在来源

续表

类别	内容概括
野生动物保护	认证农场为定居和迁徙的野生动物、特别是受威胁或者濒危物种提供庇护。认证农场为野生动物繁殖和抚育幼仔提供食物或者生境的自然区域。这些农场为再生或者恢复对野生动物重要的生态系统而开展特殊的项目或者活动。同时，农场主及其员工采取措施，以降低因禁动物的数量，并最终完全放弃对动物的因禁
水资源保护	水资源对农业生产和人类生存至关重要。认证农场应保护水源和避免水资源浪费。农场通过监测和处理废水来防止其污染地表水和地下水。可持续农业标准包含防止地表水因化学物质和沉渣外泄而造成污染的措施。没有采取此类措施的农场通过执行地表水监测分析项目来确保不降低水资源质量，直到符合规定的防范条件
工人的平等对待与良好的工作条件	所有在认证农场工作的员工、在农场生活的家庭，都享受联合国《世界人权宣言》和《儿童权利公约》，以及国际劳工组织（International Labor Organization，ILO）公约和条例所列的权益。农场所付的工资要等于或者高于法定最低工资，每星期的工作时间总和及工作时数必须不超过法定最高限度或者 ILO 的相关规定。工人有组织和结社的自由权，特别是谈判工作条件时。认证农场不允许有歧视、强迫用工和使用童工。相反，农场应向邻近社区提供就业和教育机会。认证农场所提供的住所应条件良好、有饮用水和卫生设备并应对生活垃圾进行收集处理。在认证农场生活的家庭应可以接受医疗服务，儿童能够接受教育
职业健康与安全	所有的认证农场都必须设立职业健康与安全项目，以降低或者防止工作场地事故发生的风险。所有的工人都必须接受安全上岗培训，特别是喷施农药的工人。认证农场配置必要的设备来保护工人，保证所有的工具、基础设施、机器和其他所有使用的设备工况良好并不会对工人健康或者环境造成危害。认证农场采取措施避免农用化学品伤及工人、邻居及路人。认证农场要确认潜在的危机情况并准备应急方案和设备积极应对，并将其对工人和环境产生的影响最小化
社区关系	认证农场是一个好邻居。它们以积极的方式将邻居、周边社区和当地的利益团体联系起来。农场将其活动和计划定期通知周边社区、邻居和利益团体，就农场有可能影响周边社区安康、环境安全的情况进行利益方咨询。认证农场通过培训、安排就业，以及努力防止重要的活动和服务对本地区、对当地群众产生负面影响，等等，从而推动当地经济发展

续表

类别	内容概括
农作物综合管理	SAN 提倡剔除使用对人体健康和自然资源有害的国际、地区和国家性的化学品。认证农场通过综合农作物管理的方式减少虫害发生的风险，有助于剔除这些化学品的使用。他们还记录所使用的农用化学品及用量，并努力减少和剔除这些产品的使用，特别是高毒化学品。为了防止化学品过度使用和浪费，认证农场有程序和设备混合这些产品，并养护和校准施用设备。认证农场不使用本国没有注册的产品，不使用转基因生物或者其他团体、国家和国际协议禁止的产品
土壤管理与保护	可持续农业发展的一个目标就是长期改善土壤以维持农业生产。认证农场采取措施防止和控制土壤侵蚀，从而减少土壤养分的流失和减少对水体的负面影响。认证农场有基于农作物要求和土壤特性的施肥方案。使用地表植被与农作物轮作来控制病虫害和杂草以减少对农用化学品的依赖。农场只能在宜耕、适应新作物品种且不是由砍伐森林而来的区域开辟新的种植区
综合废弃物管理	认证农场干净整洁。认证农场的工人及居民协作维护农场的整洁并为农场的形象而自豪。认证农场根据废弃物的种类和数量制定废弃物综合管理方案。农场中废弃物处理的最终目的是通过管理和处理将其对环境安全和人类健康可能的不利影响降至最低。认证农场已经对提供运输和处理服务的供应商进行了评估，并知晓农场废弃物的最终目的地

注：表中的认证农场为符合 SAN 提出的可持续农业标准的农场。

2. 现代生态农业的基本标准

基于现代生态农业的基本特征和国际对生态农业的认定标准，本书提出了适合我国的现代生态农业的 6 条基本标准。

1）效益综合

现代生态农业强调系统组分之间的相互作用，并将系统组分以一种较为和谐的方式联系起来，也可以说它是以生物组分为核心的生物-社会-经济复合系统。现代生态农业的根本目的是提高整个系统的综合效益，而并不是某单一组分的效益。

2）产业复合

在可能的情况下，现代生态农业将种植业、林业、园艺、畜牧业、水产业，以及其他生物生产整合为一个相互作用的复合系统。

3）生产力水平显著提高

生产力水平是判断一个系统成功与否的关键因素。现代生态农业生产力水平的显著提高，将通过在时间与空间上改善系统的结构、增加系统中的养分循环和强化对系统的管理来实现，而不仅依靠增加对系统的投入。

4）产品丰富

现代生态农业将努力克服或转移单一种植所可能带来的风险，特别是因为降水异常、市场波动、病虫害、杂草，以及肥料成本较高等所带来的经营风险。现代生态农业比一般的农业生产类型具有更高的稳定性，因为它可以通过农业生产的产业化或引进具有更高经济价值的物种，为农民提供一些额外的收入。

5）环境友好

一般情况下，一个生产过程所产生的废弃物（或副产品）可以作为另一个生产过程的原料。在一个现代生态农业系统中，人们使用较多的是可再生能源，加上通常采用节能技术，可以弥补传统能源利用上的不足。此外，现代生态农业多使用有机肥料，采用生物控制方法进行病虫害防治，这可以大幅改善农田生态环境。需要说明的是，现代生态农业并不完全排斥化学物质的投入，而是将这种投入控制在一定的范围内。

6）尺度多样

现代生态农业系统应当涵盖多种尺度水平，既有农户、农田水平上的，也有流域、区域水平上的。

3.3 典 型 模 式

生态农业模式是生态农业实践的核心，是按照生态学原理和经济学原理组织农业生态系统的结构和组装配套技术以发挥系统功能，达到可持续发展目标的生态农业系统格局。生态农业模式存在的基本条件是必须因地制宜，即根据当地资源条件、生产条件乃至生产和生活习惯来选择生态农业模式。同时，生态农业模式是不断发展的，尤其是经济基础、组织结构、市场情况和技术手段的变化会推动生态农业模式的变化。在不断变化的市场经济中坚持资源可持续利用和生态环境可持续发展，是生态农业模式应该始终遵循的原则（李文华，2003）。我国拥有独特的自然条件和丰富的传统农业知识。独特的自然条件为发展特色农业模式提供了基础，丰富的传统农业知识为当前的生态保护与可持续发展提供了借鉴（骆世明，2007）。在当前的时代背景下，生态农业模式应当体现"循环、绿色、低碳、高效"的基本特征，根据其构成要素与组成结构可归类为复合种植型生态农业、生态林业与林下经济、淡水生态农业、海洋生态牧场、休闲生态农业等。

3.3.1　复合种植型生态农业

1. 复合种植型生态农业的生态学原理

1）生物与环境的协同进化

生态系统中的生物与环境不是孤立存在的，它们之间有着密切的相互联系和复杂的物质、能量交换关系。环境为生物的存在提供了必要的条件，生物为了生存和繁殖必须从环境中摄取物质与能量，如空气、光照、水分、热量和营养物质等。与此同时，生物在生存、繁殖和活动过程中，也不断地通过释放、排泄及其他形式把物质归还给环境，环境影响生物，生物也影响环境，而受影响改变的一方又反过来影响另一方，如此反复进行，从而使双方不断相互作用、协同进化。遵循这一原理，进行农田作物的复合种植时，应因地因时制宜，合理布局，合理轮作倒茬，种养结合，在安排农业生产的种养季节时，必须考虑如何使生物的需要符合自然资源的变化规律，充分利用资源，发挥生物的优势，提高其生产力，使外界投入的物质和能量与作物的生长发育紧密协调。

2）生物之间的相互作用

生态系统中的众多生物通过营养关系相互依存、相互制约，由于它们相互连接，其中任何一个连接的变化都可能影响其他连接。通常情况下，生物种群结构复杂、营养层次多的农业生态系统，稳定性较强；反之，结构单一的农业生态系统，即使有较高的生产力，稳定性也较差。复合种植型生态农业要提供优质高产的农产品，必须建立稳定的生态系统结构，如利用豆科植物的根瘤菌固氮、养地和改良土壤结构等。这种生物与生物、生物与环境之间相互协调组合、保持一定比例关系而建成的稳定性结构，有利于系统整体功能的充分发挥。

3）能量多级利用与物质循环

生态系统中的食物链既代表了能量流动、转化关系，也代表了物质的流动、转化关系，从经济上来看还是一条价值增值链。根据能量物质逐级转化为10：1的关系，食物链越短、结构越简单，它的净生产力越高。在农业生态系统中，人们对生物和环境的调控及对产品的期望不同必然有着不同的表现和结果。例如，对秸秆的利用，如果直接返回土壤，它需要经过很长时间的发酵分解才能发挥肥效，参与物质再循环。但是，秸秆经过糖化或氨化过程可成为家畜饲料，利用家畜排泄物可培养食用菌，生产食用菌后的残菌床又可用于蚯蚓养殖，最后将蚯蚓利用后的残余物作为肥料再返回农田，则能使能量转化效率大幅提高。

2. 复合种植型生态农业的结构

农业生态系统的结构指的是农业生态系统构成要素的组成及其在特定时空上的配置，以及各要素间能量转移、物质循环、价值转化和信息传递途径。农业生态系统的整体结构由许多基本结构整合而成。按构成方式不同，农业生态系统的基本结构可分为种群结构、空间结构、时间结构和营养结构。农业生态系统的种群结构即农业生物（植物、动物、微生物）的组成结构及各种农业生物的物种结构（如农田中的作物、杂草与土壤微生物，大田作物中的粮食作物、经济作物、绿肥作物等）。农业生态系统的空间结构指农业生物在农业生态空间上的组合分布状态，包括粮、棉、油、麻等作物的配置及对光、温、水、热等自然资源的利用。农业生态系统的时间结构指在生态区域和特定的环境条件下，各种生物种群的生长发育及生物量的积累与当地自然资源的协调、吻合状况，它是自然界中生物进化与环境因素协调一致的结果。农业生态系统的营养结构是指生物之间借助物质、能量流动通过营养关系而联结起来的结构。农业生态系统的结构直接影响系统的稳定性、系统的功能、转化效率与系统生产力。不同农业生态系统的构成要素，以及这些要素在时间、空间上的配置和物质、能量在各要素间的转移、循环途径，形成了以轮作和间作套种为主的农田种植模式及相应的系统结构。

1）轮作模式及其结构

轮作是指在同一田块上有顺序地轮换种植不同作物的种植方式。例如，在一年一熟的条件下进行大豆-小麦-玉米 3 年轮作，这是在年间进行的 3 年作物轮作。在一年多熟情况下，则既有年间轮作，又有年内轮作，如小麦-中稻、早稻-晚稻-棉花、早稻-豆类、蔬菜轮作等，这种轮作由不同的复种方式组成，又称为复种轮作。应用复种和间作、混作等种植方式进行多熟种植，可在一年内于同一田块上前后或同时种植两种或两种以上作物，实现时间和空间上的种植集约化。

轮作是用地养地相结合的一种措施，不仅有利于均衡利用土壤养分和防治病虫草害，还能有效地改善土壤的理化性状，调节土壤肥力，最终达到增产增收的目的。合理的轮作能够获得较高的生态效益和经济效益。长期以来中国旱地多采用以禾谷类为主或禾谷类作物、经济作物与豆类作物的轮换，或与绿肥作物的轮换，有的水稻田实行与旱生作物轮换种植的水旱轮作。

旱旱轮作时根据不同作物的特性进行搭配种植，可以起到调节土壤理化性质、减少病虫草害的作用。具有不同酸碱度的蔬菜轮作，可以均衡土壤酸碱度。具有不同营养需求的蔬菜轮作，可以全面吸收不同土壤养分。深根性蔬菜与浅根性蔬菜轮作，可以充分利用深、浅层的土壤养分。豆科蔬菜与速生叶菜类蔬菜轮作，可以相互均衡土壤养分。菜薹、白菜等叶菜类蔬菜需要氮肥较多，可与需要磷肥较多的瓜类、番茄、辣椒等轮作。根据病虫害发生程度进行蔬菜轮作，能有效控制土壤传染性病害，部分蔬菜利用覆盖度大的品种抑制杂草。轮作能解决马铃薯连作障碍问题，并能够较快提高土壤酶活性，加速根区土壤的生理生化反应，增加速效养分。

作为一项重要的农业增产增效技术，水旱轮作在农业生产和发展中有着重要地位。水旱轮作能够调节土壤的理化性质（土壤酸碱度、孔隙度、容重等）并能够均衡土壤养分，降低病虫草害的发生概率，提升农作物的产量和品质。水旱轮作时，水稻种植期间由于长时间浸水缺氧，土壤中的病菌、虫会大量死亡，陆生杂草和潜伏的草种会大量减少。水稻收割后要炕田两到三周（田中水分晾干后，让水牛耙地、石磙反复碾压若干轮，直至田中泥土呈白色）。炕田能够将土壤养分由长期淹水条件下的还原态转变为氧化态，提高肥效。炕田及施肥整地后进行水稻旱种，此时将水稻秸秆铺在田中还可以解决杂草生长的问题。

2）间作套种模式及其结构

间作是在同一田块上于同一生长期内，分行或分带相间种植两种或两种以上作物的种植方式。所谓分行、分带，是指条播的间作作物成单行、多行、窄行或占一定播种幅度的宽行相间种植。点播的作物则既可以在行间也可以在株间实行间作。间作方式由于成行成带种植，可以实行分别管理，但不利于机械化作业。间作群体多种作物并存，是一种复合群体，因此个体之间既有种内关系，又有种间关系，如玉米-豆类、玉米-薯类、玉米-花生、春小麦-豆类、棉花-瓜类、棉花-花生、早稻（晚稻）-甘薯、甘蔗-豆类等间作。

套种是指在前季作物生长后期的株行间播种或移栽后季作物的种植方式，也称为套作、串种，其主要特点是两种作物生育期、播种期及收获期均不同。通过作物不同组合、搭配，构成多作物、多层次、多功能复合群体结构，可有效发挥有限土地、空间资源的生产潜力，取得较单作更大的经济效益。例如，在小麦生长后期每隔三四行播种一行玉米或棉花，比小麦单作可以获得更高的经济效益。与单作相比，套种不仅能阶段性地充分利用空间，更重要的是能延长后季作物对生长季节的利用，减少农耗时间。在热量满足一熟有余、两熟不足的地区，套种意义更大，如小麦-玉米（棉花、花生）、小麦-玉米/甘薯、小麦-甜菜（马铃薯、草木樨）、小麦-烟草、小麦-瓜菜、棉花-瓜菜、晚稻-绿肥作物等套种。

间作作物的共生期至少占一种作物全生育期的一半；套种作物的共生期较短，一般不超过套种作物全生育期的一半。合理的间作套种可以减少土地重茬危害，抑制病虫害，可有效促进作物增产增收。间作套种应遵循以下一些原则。

一是间作套种的作物植株要高矮搭配。高矮搭配才有利于通风透光，充分利用太阳光能，如玉米与大豆或绿豆的间作。

二是间作套种的作物对病虫害要能起到相互制约的作用。例如，大蒜套种玉米时，大蒜分泌的大蒜素能驱散玉米蚜虫，使玉米菌核病发病率下降。

三是间作套种的作物根系应深浅不一，即深根系作物与浅根系喜光作物搭配，在土壤中各取所需，可以充分利用土壤中的养分和水分，促进作物生长发育，达到降耗增产的目的，如小麦和豆科绿肥作物的间作。

四是间作套种时圆叶形作物宜与尖叶形作物套种，这样可避免不同作物间互相挡风遮光的问题出现，从而提高光能利用率，如玉米与花生的间作。

五是间作套种时主副作物成熟时间要错开，这样晚收的作物在生长后期可充分地吸收养分和光能，促进高产。同时错开收获期，既可避免劳动力紧张，又有利于套种下茬作物。

六是间作套种的作物枝叶类型宜一横一纵。枝叶横向发展作物与纵向发展作物间作套种可形成通风透光的复合群体，达到提高光合作用效率的目的，如玉米和红薯的间作。

七是间作套种的作物品种双方要一互一利，也就是要利于双方发育生长、互利共生或有利于一方，但不损害另一方的生长。例如，玉米套种大豆时，大豆的根瘤菌可为玉米提供氮肥，而玉米分泌的无氮酸类则是大豆根瘤菌所喜欢的基质。

八是间作套种的作物结实部位以地上和地下相间为宜。地上茎秆开花结实的作物宜与地下结实的作物套种。这样不会形成授粉上的互相争斗，地上茎秆开花结实的作物可独享风媒、虫媒介体，有利于增产。

九是间作套种的作物种植密度要一宽一窄。一种作物种宽行，另一种作物种窄行，这样便于通风，保证增产优势。例如，玉米套种蚕豆时，蚕豆窄行，玉米宽行。

十是间作套种时，缠绕型作物与秆型作物有机套种。缠绕型作物与秆型作物套种能节约架条、省工省钱。例如，玉米和黄瓜间作时，可用玉米秸秆代替黄瓜架条，让黄瓜缠绕在玉米秸秆上，还能减轻或抑制黄瓜花叶病危害。

十一是间作套种时，爬蔓型作物宜与直立型作物套种。例如，春玉米间作南瓜、晚玉米间作冬瓜，玉米往上长，南瓜、冬瓜横爬秧，互不影响，且南瓜花蜜能引诱玉米螟的天敌黑卵蜂寄生，可有效地减轻玉米螟危害。

十二是认识作物的相亲相克。作物的相亲相克是指两种或两种以上作物种植在一起，双方分泌的杀菌素、生长素、有机酸、生物碱等直接或间接地影响对方的生长。促进双方正常生长的为相亲；反之，则为相克。

3）复合种植型生态农业案例

（1）四川郫都林盘农耕文化系统。郫都区位于成都平原腹心地带，地势平坦，大部分土壤为冲积土，表面广布紫色水稻土，土质肥沃，物产富饶，光热条件优越，适合多种农作物生长，具有悠久的农业生产历史。古蜀先民从距今约4500年前或更早就设立原始部落，从事原始渔猎，发展原始耕作，种植水稻、黍和谷子等粮食作物。西周时期（约2800年前）望、丛二帝（望帝杜宇和丛帝鳖灵）建都于郫，教民务农并首创按农事季节耕种的制度，种植水稻、稷、黍、菽等粮食作物及瓜果蔬菜，开始以牛助耕。南宋时期北方人口大量南移，以麦为食的人口激增，麦供不应求，一年之内稻麦两熟的水旱轮作耕作制度在四川盆地内开始扩展，至今该耕作制度在当地仍被广泛采用。在轮作的同时，还形成了增（增种）、间（间作）、套（套种）等复种制度，以及小春作物轮作等耕种制度。

① 水旱轮作。郫都区水旱轮作是指大春水作、小春旱作。大春作物指的是春夏季种植的作物，大春一般指的是5～9月。大春主要种植水稻，水稻是郫都区水旱轮作的基础，也是该区种植面积最大的农作物。水稻种植主要以早稻和中稻为主，晚稻种植量少，其中中稻和晚稻种植多以一年两熟制为主，种植早稻则可抢种一季小春蔬菜，所以以一年三熟制为主。小春作物一般是指第1年播种、第2年初夏收获的作物。小春种植主要有以小麦、油菜为主的传统粮油作物和以圆根萝卜、大蒜等

为主的传统蔬菜，以及近几年发展的以抱子芥、棒菜、生菜等为主的其他小春蔬菜。郫都区最为常见的水旱轮作模式有水稻-小麦（图 3-1）、水稻-油菜、水稻-大蒜、水稻-圆根萝卜、水稻-蔬菜等。

图 3-1　水稻-小麦水旱轮作模式

②　旱作（蔬菜连作和轮作）。郫都区早期旱作主要是农户自家小面积菜园种植。为了满足自家对日常蔬菜的需求，农户通常在两分地或者更小的地块或区域内种植多达十几种蔬菜，俗称"百菜园"。现在旱作面积逐渐增加，旱作作物同样以蔬菜为主，以农户丰富的种植技术为保障，存在连作、轮作、套种、间作等多样的复合种植模式。郫都区连作和轮作的复合旱作模式最为普遍，通常是大面积种植，最主要的是韭菜、生菜等连作和空心菜与抱子芥、棒菜轮作。郫都区蔬菜种类繁多，蔬菜品质上乘且产量较大，销往重庆、上海、武汉、广州、云南、福建、广州等国内其他市场，韭菜、韭黄等特色蔬菜更是远销日本、韩国等国家。

③　小春作物轮作。在水旱轮作或旱作的同时，农田还存在小春作物轮作的耕种制度，即每块耕地逐年轮种不同的小春作物，第 1 年种植小春粮食作物，第 2 年轮作绿肥作物、饲料作物或经济作物，第 3 年轮作另一种不同的作物。郫都区小春作物轮作制度较为常见，但由早期的粮食作物与经济作物轮作转变为不同经济作物轮作，主要是不同蔬菜品种的轮作。另外每块耕地小春每 3 年至少轮作一季绿肥作物，当地农谚有"苕子种一年，土地肥三年，苕子种三年，孬田变好田"的说法，其中苕子为地方传统种植绿肥作物，是豆科植物，有固氮保

肥的作用，主要是在水稻收割后农田闲置时种植。现在水旱轮作中水稻收割后，小春种植经济作物，农户会有意识地对农田分块种植苕子，来达到恢复土壤肥力的效果。

④ 增、间、套复种制度。郫都区农田在轮作的同时还有增、间、套等复种制度（图3-2）。增种俗称抢种，指在水稻收割后利用小春作物播种前的土地空闲和光能热量，增种一季生长周期较短的农作物。此类作物统称为短期作物、晚秋作物或三季作物，种植较多的增种作物有红苕、白萝卜等。间作在当地较为常见，主要是小春作物间作和多种蔬菜间作，小春作物间作有油菜与其他蔬菜间作、韭菜与其他蔬菜间作、小麦与豌豆间作、烟草与蔬菜间作等，多种蔬菜间作一般有3种以上的蔬菜品种。套种也主要为小春作物套种和蔬菜套种，小春作物套种有玉米与马铃薯、红薯套种，油菜与其他蔬菜套种，生姜与藤蔓蔬菜套种等。豆类、南瓜和玉米套种时，豆类能利用根瘤菌增加土壤中的氮肥，南瓜能为玉米提供很好的覆盖，玉米又能为蔓生豆类提供支架；生姜与蔓生瓜果类套种时，因为生姜为喜阴植物，瓜果的藤蔓可以为生姜遮阴，生姜可减少瓜果类病虫害。

增种白萝卜　　　　　韭菜-莴苣间作　　　　　烟草-莴苣套种

图3-2　增、间、套复种制度

（2）辽宁阜蒙旱作农业系统。阜新蒙古族自治县（简称阜蒙县）是典型的旱作农业区，农作物品种丰富多样，以粟为代表的旱作农业生态系统在生物多样性方面有其独特性与不可替代性，其中化石戈地区栽培的谷子属于化石戈粟的古老品种遗存，具有8000多年的历史。

经过长期的自然选择和栽培驯化，化石戈谷子的形态结构和生理特征已适应了当地干旱和半干旱条件，具有耐旱、节水、耐瘠薄、耐盐碱、耐储藏、播期可塑性强、抗逆性强、适应性广等特点。同时它营养丰富、口感很好，具有很好的商品性和经济价值，对当地经济发展起到了巨大的推动作用。

谷子是旱作农业中不可多得的作物。化石戈谷子品种繁多，颜色多样，俗称"粟有五彩"，可以生产出白、红、黄、黑、绿等各种颜色的小米，还有黏性小米。此外，在阜蒙栽培的其他作物还有黍、荞麦、高粱、玉米、小麦、大麦等其他粮食作物。为培肥地力和减轻病虫草害，化石戈地区的谷子种植实行 3 年以上的轮作制。在化石戈当地有两种轮作方式：一是以大豆为主体的 4 年轮作制，即每隔 3 年轮换种植 1 年谷子，具体轮作方式有大豆-高粱-玉米-谷子；另一种是以杂粮为主体的 3 年轮作制，即每隔 2 年轮换种植 1 年谷子，这种方式有大豆-高粱-谷子。对实在无法轮作倒茬的地块，当地百姓也会播种苗色不同的谷子品种（如红色苗和黄色苗之间的轮作），以利于间苗时清除谷莠子草。

谷子不宜重茬，连作病害严重，种植地块杂草较多时会大量消耗土壤中的同一营养要素，致使土壤养分失调。农谚有"谷连谷，坐着哭"之说，因此，必须经过合理轮作倒茬，以调节土壤养分，恢复地力，减少病虫及杂草危害。谷子较为适宜的前茬作物有豆类、马铃薯、麦类、玉米等。种植玉米后，由于玉米秸秆遮阴，降低了杂草的发芽率和生长势，减少了其生长量，杂草控制率可达 80%。杂草被抑制相对减少了病虫的寄生源，从而减少了某些病虫害的发生。

3.3.2　生态林业与林下经济

1. 生态林业与林下经济的生态学原理

1）生态系统原理
森林生态系统主要的环境因子有气候、土壤、地形、生物及人类活动，系统的结构包括物种的互相搭配、密度和所处位置。乔木形成林冠层，灌木在林冠以下，林地上还有多种草本植物、苔藓及真菌类生物，这些植物对环境条件的要求不同，彼此和谐地生活在一起，各自分处在不同的空间高度上,利用适合自身的不同强度的光照和其他条件。此外,在各个不同层次上还存在多种昆虫等动物和微生物,从而构成了一个复杂的食物链,并由此产生相生相克的调控原理。林下经济正是在对自然森林生态系统群落的模仿过程中得以发展壮大。

2)物质与能量循环原理

能量流动是单向的,提高森林生态系统的光合效率是提高生产力的根本途径,森林生态系统通过植物光合作用,使各种化学元素进入生长着的植物组织并同化于组织中,生物死亡后,各种元素又回到环境,能量流动的渠道是食物链和食物网;系统的物质循环主要有碳循环、氮循环、水循环等。林下经济是一种受人为影响的生态系统,为了使该系统保持平衡和高效,可合理运用生态系统中物质与能量循环原理:一是根据生物种群的生物学、生态学特性和生物之间互利共生关系合理组建生态群,使其在时间、空间上形成多层结构,更加充分地利用太阳能、水分和矿物质元素,保证物质和能量的最大输入;二是建立合理良性的可循环食物链,使系统中的物质多次循环利用,从而提高能量的转换和资源利用率;三是适时进行物质投入,保证系统中物质的合理比例,防止有害物质的产生。

3)种间相互作用原理

林下经济打破了单一的种植结构,形成新的综合性生产格局,同时在同一物种内和不同物种间也会产生不同的影响,这种影响主要表现为互补性和竞争性。利用物种间的共生关系、偏利关系和有利的寄生关系,可以显著提高林下生态系统中生物组分的生长能力,从而提高生产力。利用物种间平衡制约关系及在物理气候因素上的相互保护关系,提高林下生态系统的稳定性和抗灾能力。

4)生物多样性原理

在生态系统中,不同生物之间具有相互依存和相互制约的关系,它们共同维系着生态系统的结构和功能。在农田或单一的人工生态系统中,由于生物种类单一,危害作物或树木的害虫种群常呈暴发性增长,以往人们为了保障作物产量，施用大量的化肥、农药，这不仅杀死了害虫，也杀死了天敌，破坏了生态环境，打破了生态系统的平衡，导致更为严重的病虫害发生，同时也使物种多样性大幅降低，所以农田等单一的生态系统是不稳定的。因此，建立林下生态系统时，要多采取间作、混种、轮作和立体种植等措施，增加生物多样性。

2. 生态林业与林下经济的结构

1）林下种植

林下种植是指充分利用林下土地资源和林荫优势，在以乔木为主的林下种植经济林（水果）、农作物种苗和微生物（菌类）等，从而使林上林下实现资源共享、优势互补、循环相生、协调发展的生态农业模式，包括林药、林菌、林粮（菜）、林草、林茶、林苗（花）等具体模式。林下种植可以达到近期得利、长期得林、远近结合、以短养长、立体化经营的产业化效应。

（1）林药模式。林药模式是在未郁闭的用材林、经济林等林内间作较耐阴的药用植物，是在林下培育、经营植物药材的一种利用方式。一般根据当地技术条件和市场需求，在林间空地上间作芍药、金银花、丹参、沙参、党参、柴胡、人参、刺五加、甘草、黄芩、黄精、七叶一枝花、桔梗、五味子、板蓝根、铁皮石斛、三七、朱砂根、贝母、玉竹、玄参、半夏、草珊瑚、金线莲、杭白菊、何首乌、绞股蓝，以及霍山石斛等药材。林下种植药材，不仅使林下资源得到充分利用，而且药材生长好、质量优。常见的林药模式有板栗-桔梗、核桃-桔梗、油茶-瓜蒌、松-夏枯草、杨树-益母草（百合）、杉木-天麻等。杨树-百合模式适于在平原地区发展，百合在林分郁闭后间作；板栗-桔梗、油茶-瓜蒌、松-夏枯草模式适于在低山丘陵地区发展。

（2）林菌模式。林菌模式即利用林荫下空气湿度大、氧气充足、光照强度低、昼夜温差小的特点，不占用耕地，充分利用现有林地资源，以林地废弃枝条为部分营养来源，在郁闭的林下种植食用菌，发展名贵食用菌的人工和半人工栽培模式。一般在林木定植 4～5 年郁闭后进行林下栽培，主要造林树种有杨树、松树和栎类等；林下食用菌有平菇、香菇、草菇、木耳等；栽培形式有林间覆土畦栽食用菌、林间地表地栽食用菌、林间立体栽植食用菌等。食用菌具有的特殊并近乎苛刻的生活特点限定了其生活的地区。食用菌林地野外栽培主要是采用人工接种，培养大量菌丝体；菌丝体成熟后返回林地等适宜食用菌生长发育的地方。郁闭度 0.6～0.9 的林下环境基本上能够满足食用菌出菇环节对温度、湿度变化及光照强度、二氧化碳浓度的要求。林内修剪的枝条（特别是板栗、榛子等果树枝，以及壳斗科、杨柳科、桑科、榛科、桦木科植物的枝条）是优质而便捷的培养基原料。

（3）林粮（菜）模式。林粮（菜）模式是根据林木与作物的生物学特性和经营水平的不同，在用材林、经济林下的行间进行林粮间作，在株行距较大、郁闭度小的林下，种植一定的粮食作物，以短养长、增加林农经济收入，改良林地土壤。造林树种可选杨树、板栗、柑橘等；林下作物可选小麦、棉花、薯类、豆类等矮秆作物，其中豆类耐阴、有根瘤菌，能为林木提供氮素，效果最好。常见的林粮模式有杨树-棉花、杨树-小麦、杨树-豆类、板栗（油茶）-薯类、板栗-豆类、柑橘-豆类等。杨树-棉花（小麦、豆类）模式适于在长江流域平原、杨树适生区域推广。板栗（油茶）-薯类、板栗-豆类、柑橘-豆类模式适于在大别山南麓，以及长江流域低山丘陵地区推广应用。

（4）林草模式。林草模式是通过人为的调控、筛选，针对适宜新造林地等适宜的立地条件、造林树种特性、种植密度、排列形式等，选择适宜的优良牧草于林下科学地进行播种，使林草有机结合，利用时间、空间差异，各得其所，使生态效益和经济效益达到最佳。在林草模式中，一般在郁闭度 0.8 以下的林地中，要求树木具有树冠紧束、林带胁地范围小，树体高大通直、深根性，水平根不发达，抗风、抗病能力强等特点，牧草要选择适应性强、耐阴、耐割的优质高产牧草，特别是优质的豆科牧草更适于进行林草结合种植，如紫花苜蓿、白三叶、黑麦草等，每年收 3～4 茬。林草结合类型有如下 3 种。①地段式：林木与牧草分地块种植，互为镶嵌。②兼顾式：林木与牧草按相应的比重，利用空间差，种植在同一地块上，如疏林草地。③侧重式：以林木为主，在林下种植牧草，或以牧草为主，在草地上种植部分树木，如草地树丛，牧草的防风林网、林带等。

（5）林茶模式。林茶模式即在林下种植茶树，在空间上，上下配置；在时间上，既有先后又有交叉的发育次序；在产业结构上，林业、茶业合理布局；在生物物种上，互利共生，充分利用了自然资源，使系统高效率地输出多种产品，提高了土地利用率和生物能的利用效率。林茶模式不仅能创造适宜茶树和林木生长的环境，还能有效提高茶叶的产量和质量，同时也为南方一些地区的低产林改造提供了一种可行的选择。

（6）林苗（花）模式。林苗（花）模式主要是指根据树种搭配多样化和土地产出效益最大化原理，充分利用林下的遮阴效果，在造林主要树种的林间套种、间作市场前景好、经济价值高、见效周期短的园林绿化苗木或一、二年生种植用苗木花卉等。按照林分稀疏程度林苗（花）模式可大致分成两种类型：对于稀疏林地可以培育木本花卉苗，间距大时还可培育喜光的观赏花木；而对于种植密度较大的林地或果园，多以种植草本花卉为主，如宿根花卉。宿根花卉为多年生草本花卉，一般耐寒性较强，可以露地过冬。宿根花卉又可分为两类：一类是菊花、芍药、玉簪、萱草等，以宿根越冬，而地上部分茎叶每年冬季全部枯死，翌年春季又从根部萌发出新的茎叶，生长开花；另一类是万年青、吉祥草、一叶兰等，地上部分全年保持常绿。

2）林下养殖

林下养殖主要指在林下养殖畜禽、水产、特种经济动物等，充分利用林地闲置空间，提高产品品质，改善林内环境，实现经济效益、社会效益和生态效益的三赢。林下养殖主要为畜禽养殖，畜禽产生的粪便可以为树木的生长提供优质的有机肥料，畜禽还能有效防治树木害虫，节约饲料费、肥料费和病虫害防治费，形成了以草养牧、以牧促林、以林护牧的良好循环。林下养殖使畜禽食物资源丰富，活动场地大、空气新鲜，这个模式具有很好的经济效益。

（1）林禽模式。林禽模式的基本结构是"林果业＋家禽业"，通常是在丘陵山区山坡地发展林果业或林草业，在林地中或果园里建立禽舍，将家禽粪便直接排放至林地或果园，从而形成"林果（草）、家禽养殖单元"相互联系的立体生态农业体系。牧草种在林间，利用林间空地生长，一方面可以保持水土，另一方面还可以抑制杂树、杂草的生长。为避免牧草种植过程中受野草侵害，一般选择在林木落叶季节秋播牧草。家禽在林间轮放或圈养，用刈割牧草来饲喂，家禽在林间放养过程中，采食牧草的同时也将粪便施到了林间，这样有利于牧草与林间苗木的生长。

（2）林畜模式。林畜模式是在林下养兔、羊、猪、梅花鹿等，也可视之为林草模式的延伸，即林下种草发展养殖业，同时牲畜所产生的粪便又能为树木提供大量的有机肥料，促进树木生长。林木根系发达，吸收水肥的能力强，如果单纯发展林业，其生产周期的后4年将面临土壤肥力大幅下降的趋势。林下养殖产生的大量牲畜粪便与其吃剩的草渣、树叶混合，可促使其快速分解，起到快速补充土壤养分的效果，促进林木生产，解决了因土壤肥力下降而影响林木重茬种植的问题。同时，养殖场内外大量植树造林或在林场中直接建养殖场，树林能营造一个空气清新的小环境，尤其是在炎热盛夏，能减少阳光直射，为牲畜遮阳纳凉，降低舍内外温度，保持适宜的生长环境。此外，牲畜生长吸收氧气、呼出二氧化碳；树木生长则是吸收二氧化碳、呼出氧气，在植物光合作用下，二氧化碳和氧气相互转化利用，互成优势，相互促进。

林地养畜有两种模式。一是放牧，即林间种植牧草，可发展奶牛、肉用羊、肉兔等养殖业。速生杨树的叶子、种植的牧草及树下可食用的杂草都可用来饲喂牛、羊、兔等。林地养殖解决了农区养羊、养牛的无运动场的矛盾，有利于家畜的生长、繁育，同时为畜群提供了优越的生活环境，有利于防疫。二是舍饲，即在林地建造畜舍来饲养家畜，如在林地养殖肉猪，由于林地有树冠可以遮阴，林地内夏季气温比外界气温平均低 2~3℃，林地畜舍内比普通封闭畜舍平均低 4~8℃，更适宜家畜的生长。

（3）林渔模式。林渔模式是指依托森林资源及生态环境，在林内或林地边缘开展淡水鱼类和甲壳类等养殖的复合经营模式。林渔模式充分利用林地内池塘空间,形成水、陆、空立体生产模式,实行这种生态养殖方式可以大幅提高渔业生产经济效益、环境效益,是促进农业增效、农民增收的重要措施之一。林渔模式有两种形式:一种是在待开发的湖滩地上开沟作垄,垄面栽树,沟内养鱼、虾、蟹和种植水生作物;另一种是在正规鱼池四周的堤岸上布置林带,以提高资源利用率。主要造林树种可选择杨树、池杉,鱼可选择鲫、草鱼等,虾可选择龙虾,蟹可选择河蟹。常见配置模式有池杉-鱼-鹅、杨树-鱼等。采用林渔模式可以形成"滩地植树、树下种草(草喂鸡鹅)、水中养鱼(禽粪喂鱼)、水面养鹅"的生态种植养殖链。

(4)林昆(虫)模式。林昆(虫)模式利用丰富的植物资源养殖蚕、蜂、蝉等昆虫。种桑养蚕作为我国的一项传统产业,其投资少、见效快、周期短、收入高、收效长,已为蚕区的蚕农们所公认。近年来,蚕茧价格相当看好,大大地激发了农民养蚕的积极性,很多地方的桑园面积都以前所未有的速度猛增。

3. 生态林业与林下经济案例

1)浙江庆元香菇文化系统

浙江庆元作为世界人工栽培香菇技术的发源地和主要栽培区域,素以"世界香菇之源""中国香菇城"著称。自 800 多年前庆元龙岩村村民吴三公(1130—1209 年)发明剁花法(也称砍花法)生产香菇以来,庆元菇民依托良好的生态环境和丰富的森林资源,从事香菇生产,延续至今形成了人与自然和谐发展的独特的香菇生产工艺,孕育、造就的香菇文化更是丰富多彩。

庆元菇民采用剁花法在林下栽培香菇(图 3-3),开创了森林菌类产品利用之先河。这一古老方法延续至今,仍然具有较强的生命力。一是剁花法集中了菇民的长期经验,符合香菇的生物学特性,是中华农业文化的瑰宝。二是剁花法是对森林资源的合理利用,对林相、树种、郁闭度及小气候有严格的选择,对砍伐菇木的数量有严格的限制,并且是异龄择伐,不怕弯曲空心;对砍伐期及砍伐作业有严格规定,砍伐期与休眠期吻合,有利于树木萌芽更新,剩余物无须搬出菇山,增加了腐殖质,有利于幼树生长。三是剁花法生产香菇成本低，设备省，产品价格高，容易被一些老菇民接受。

图 3-3　剁花法生产香菇

剁花法生产香菇在利用森林的同时，又能保持森林生态的良性循环。首先，基于不同的地形和林分，菇民会有针对性地选择适宜的树种。若要在高山菇场获得高产香菇，就要选用米槠、栲、檀香等树种；若是在低山处制菇，就要选用杜英、构树、锥栗等树种。育菇树种多样性的选择，可以避免单一化的过量砍伐，有利于森林生态的保护和永续利用，也符合森林资源管理的客观要求。其次，菇民在选择菇场时，总是优先选择土地肥沃的山林，选择温度、湿度适合阔叶树生长的地方。这样的林地环境，既能确保香菇丰收，又能使砍伐后的林木快速更新生长，确保来年的香菇用材。最后，菇民对林木的采伐主要是间伐，庆元菇场在使用剁花法时的实际间伐数量一般都控制在森林单位面积平均蓄积量的 15%以下。这个间伐数量，一是既能满足菇场生产的用材需要，又能防止局部林地的过度采伐；二是能确保有足够的遮阴树，维持菇场的林下育菇环境；三是能使林木自然更新，繁衍生息，避免生态系统的失衡，实现森林资源的可持续利用。

2）四川宜宾竹文化系统

四川宜宾是全球最适合多种竹类生长的区域之一（图 3-4），是我国丛生竹、散生竹和混生竹的生长基地，竹类种类丰富且分布比较集中，是我国长江上游低山种类最多、面积最大的竹林分布区之一，形成了特有的竹林生态系统和重要的竹类种质资源基因库，原生竹种达 15 属 58 种，主要栽培品种有硬头黄竹、慈竹、毛竹、苦竹等。引进、栽培撑绿杂交竹、麻竹、甜（苦）龙竹、雷竹、巨竹等竹种，现共有竹类植物 39 属 428 种，竹属数占全国竹属数的 100%、竹种数占全国竹种数的 91.5%。

图 3-4　蜀南竹海

在世世代代的繁衍生息中，宜宾人民创造了独特的与竹相关的生产、生活技术体系，丘上取竹，丘间耕种；也形成了传承至今的劳作知识体系。不同竹种从栽培、种植到管理方式，与宜宾当地的气候和地形相结合，体现着高超的生态智慧；同时，竹农复合经营与竹林下种养殖也成为当地特色。

由于竹林茂密，遮光性较强，林下不适宜种植喜阳作物，故喜阳作物多在竹林边上或在竹林之间的平地、丘陵上生长，而且竹林涵养水源能力较强，林边、林间地带不仅适宜喜水作物生长，还适宜喜水动物的繁衍。历经长时间的探索和实践，遗产地内较平坦且易于蓄水的平地多种植水稻和蔬菜，地势较高且不易蓄水或浇灌的旱地多种植玉米、高粱、果树、中药材等，低洼地带因长年积水而被开挖成鱼塘，正因如此，遗产地内虽以竹林为主，但分布着众多农田、菜地、鱼塘等，竹子与各类喜阳或喜水的农作物、水产动物共享阳光和水源，形成了竹林与其他物种相伴而生的复合生态系统，保存了丰富的农业物种多样性。

同时，为充分挖掘林地利用空间，宜宾人民因地制宜地发展竹林下种植竹荪和药材等经济作物。一般食用菌都具有喜阴、喜湿的生态习性，而毛竹林郁闭度较大，地表阴湿，正好满足食用菌对生态环境条件的需求。竹林下套种竹荪具有占地少、栽培环境优良、循环利用竹林废弃物等优点。竹-药间作大体有两种模式：一种是在竹林旁边的坡地种植中药材，沿山坡架设水管，便于利用坡度浇灌，节水省工；另一种是利用竹林里面的荒地或石块资源，在荒地或石块上种植中药材，比较典型的是江安县大井镇五丰村的铁皮石斛产业园，该产业园是利用竹林内的石块种植铁皮石斛。竹林下生态养殖也比较常见，主要以林下养鸡、林下养猪、林下养羊等为主，在满足人们日常生活需求的同时也可获得一定经济收入。

3.3.3 淡水生态农业

1. 淡水生态农业的生态学原理

1）物质与能量循环原理

淡水生态农业系统中物质循环利用率较高：一是水中的鱼类和浮游动物对植物、藻类和微生物等的吸收、分解，二是水生植物对水域中氮、磷等营养物质的吸收、分解和利用。研究表明：挺水植物（如慈姑、茭白）及沉水植物（伊乐藻）对水体中氮的去除率达 75%，茭白、伊乐藻对水体中磷的去除率达 75%，芦苇、慈姑对水体中磷的去除率为 65%。淡水生态系统的物质与能量循环过程是在食物链（网）中进行的复杂的生物代谢和物理化学过程。通过这个过程，鱼类和各类水生经济作物等获得生长所需的各类营养物质；同时，水体中的各种有机和无机溶解物被截留，可以防治物质过分积累所形成的污染，从而清洁水体。

2）生物多样性原理

淡水生态农业系统是重要的生物生境，在维持区域生物多样性方面具有重要意义，种养区域面积、生境异质性，以及相邻生态系统特点被认为是淡水生态系统中生物多样性的主要驱动因素。在一个淡水水域中，各类生物互相依存、互相制约、互相作用，形成了食物链结构。一个生态系统的生物群落多样性越丰富（食物链越复杂），系统的稳定性就越高，其抵抗外界干扰的承载力也越强。一个健康的淡水生态系统，不但生物物种的种类多，而且数量比较均衡，没有哪一种物种占有优势，各物种间既互相依存，也互相制约，使生态系统达到某种平衡态（稳态）。反之，如果一个淡水生态系统的生物群落比例失调，会造成整个系统恶化，如江河湖库中营养物质及有机质增加，就会导致蓝藻加快繁殖，水中生物群落比例失调，造成水体富营养化和生态系统失衡。

3）种间互利共生原理

养殖水体的资源主要包括各种饵料、空间和时间。养殖水体中有各种天然饵料，养殖不同食性的动物可充分利用养殖水体的各种饵料资源。例如，在池塘或水库同时放养滤食性鱼类（鲢鱼、鳙鱼）、草食性鱼类（草鱼、鳊鱼、鲂鱼）、底栖动物食性鱼类（青鱼、鲤鱼、鲫）等，就可以充分利用水体的各种天然饵料资源，提高养殖水体的鱼产量。上述鱼类混养在一起，它们既分享了不同水层，也分享了不同的饵料资源。同时，有些鱼类间还存在一定的营养关系，如草鱼与鲢鱼的关系。

2. 淡水生态农业的结构

一个复杂的生态系统应具备以下几个条件：水面以上有阳光、空气；塘基上有陆生植物；水里有鱼、各种水生植物、昆虫、蚤类、藻类、真菌、细菌、病毒，以及有机物和无机盐；池底有淤泥，同样也生长着上述生物及存在有机物和无机盐。它们之间存在着相养、相生、相帮、相克等极其复杂的关系，生态养殖就是合理利用它们之间的相生、相养、相帮、相克的关系，生产人们所需要的水产品。

1）池塘混养

池塘混养是指根据不同养殖生物间的共生互补原理，在一定的养殖空间和区域内，运用生态技术和管理措施，使不同种类的生物在同一环境中共同生长，利用自然界物质循环系统，保持生态平衡、提高养殖效益的一种养殖方式。

将栖息于不同水层的鱼混养，能立体利用水体空间，节约水体资源；与单养相比，混养可以大幅增加放养鱼的密度；混养生物互利共生，改善水质；混养可提高产量，增加效益。例如，草鱼、青鱼的粪便既是培养浮游生物的肥料，又能提供大量有机碎屑及孳生的细菌群体，供鲢鱼、鳙鱼滤食；鲤鱼、鲫可清除残饵，减少水质污染。常见的池塘混养模式有鱼-鱼、鱼-鳖、鱼-虾、鱼-贝、鱼-蟹等。

池塘混养遵循的基本原理主要是养殖废弃物的资源化利用、养殖种类或养殖系统间功能的互补。其思路传承了中国传统的辩证思维模式，以对立事物的转化达到自养和异养两个过程的平衡（中庸）。池塘混养是充分利用养殖水体的各种资源、发挥养殖水体鱼产潜力的重要途径。在一个水体同时放养不同水层的生物，使养殖水体的垂直空间都得到很好的利用，以提高水体的养殖容量。中国淡水池塘养殖经常是上层鱼类（鲢鱼、鳙鱼）、中下层鱼类（草鱼、鳊鱼、鲂鱼等）和底层鱼类（青鱼、鲮、鲤鱼、鲫等）混养。合理地选择栖息于不同水层的鱼类混养在一个池塘中可以增加单位面积的放养量，从而提高池塘鱼产量。

2）稻田养殖模式

稻田养鱼在我国有着数千年的历史，逐步形成了稻虾型、稻蟹型、稻鳝型、稻鳅型、稻菜鱼型、稻萍鱼型等类型，在养殖多种水生动物的同时，还种植莲、藕、菱白等，由单品种单养向多品种混养发展，由种养常规品种向种养名特优新品种发展，技术上是多产业多学科的技术组装。作为一种典型的农田生态系统，水稻、杂草构成了系统的生产者，昆虫、各类水生动物（如泥鳅、黄鳝等）构成了系统的消费者，细菌和真菌是分解者。

稻田养鱼以水稻为主，兼顾养鱼。这一指导思想是根据稻鱼共生理论，利用人工新建的稻鱼共生关系，将原有的稻田生态向更加有利的方向转化，达到水稻增产、鱼丰收的目的。在浙江、福建、江西、贵州、湖南、湖北、四川等省的山区稻田养鱼较普遍，养殖鱼类以草鱼、鲤鱼为主，也养殖鲫、鲢鱼、鳙鱼、鲮等。

稻田养鳖通过水稻与中华鳖共作和轮作，使中华鳖的排泄物变成水稻肥料，鳖还能吃掉部分稻田中的害虫，种植的水稻又能改良池塘底泥，使水稻和鳖的病虫害明显减少，从而减少农药和化肥的使用，达到水稻增产的目的，起到了稳粮、增收的作用，提高了稻田的经济效益。

稻田养蟹将水稻与河蟹养殖有机地结合，在水稻品种选择、施肥、种植方式等方面兼顾河蟹养殖的需求，在水稻稳产或增产的基础上，增收河蟹，实现了一水两用、一地双收的目标。

稻田养虾是利用水稻种植的空闲期养殖虾类，由于水稻种植和虾类养殖在稻田中的能量与物质循环上实现了互补，从而提高了稻田利用效率，减少了农药和化肥的使用，在水稻不减产的情况下，提高稻田的产出和效益，并改善了地力。由于该模式水稻种植和虾类养殖在时间和空间上基本不重叠，茬口衔接技术相对简单，因此发展较快。

稻田养泥鳅是在稻田中合理套养一定数量的泥鳅，发挥泥鳅松土、供肥、除草等功效，实行稻鳅共生、稻鳅互利，以形成生态环保、高产高效的种养模式，实现田面种稻、水体养鳅、稻鳅共生。

3）鱼-畜禽-农复合模式

鱼-畜禽-农复合模式以养鱼为主，联合畜禽、畜牧业生产和饲料作物、经济作物的种植，多业互相交叉，多层次利用资源，既生产原料产品，又生产加工品，形成种养加为一体的物质能量大循环，使水陆资源得到更加充分的利用，使生态经济效益提高到更高水平。养鱼与种粮、草、菜、果等结合，塘泥肥田，田中种植饲料作物或经济作物，是一种节粮节本的养殖方式；养鱼与养猪、鸭、鸡等结合配套生产，改变粪肥、直接肥水养滤食性鱼类的传统方式，把猪粪、鸡粪加工成饲料，用以养鲤鱼、罗非鱼等，既丰富了养鱼的内容，又节约了饲料，降低了生产成本。

基塘系统是一种典型的鱼-畜禽-农复合模式，这个系统结构完善、各部分之间相互协调、相互补充、相互依存发展，生物与环境相互适应，资源更新能力强，在生产上具有永续能力，塘鱼需要基面提供饲料，基地需要塘泥维持肥力。当塘鱼饲料吃完了可获得基面饲料补充，基面肥力被作物吸收后可获得塘泥补充。基面的作物和塘鱼紧密联系起来协调发展，形成一个较完整的食物链系统，一个良性的营养物质循环系统和能量流动系统，基面作物和塘鱼本身也自成系统。

基塘系统各个组成成分之间的能量流动和物质流动是生态系统的基本功能，它们二者是不可分割、紧密结合的一个整体，是生态系统的动力核心，也是驱动一切生命活动的齿轮。基塘系统的能源是太阳辐射。太阳能输入基塘系统主要通过3条途径：①基面作物吸收了投射到基面上的部分太阳能，通过光合作用固定太阳能；②鱼塘里的浮游植物吸收进入水中的部分太阳能，通过光合作用固定太阳能；③固定于饲料中的太阳能从外系统输入鱼塘。通过上述3条途径，进入基塘系统的太阳能在各个组成成分之间、各个子系统之间进行着一系列的能量交换，随着复杂的食物链形成了复杂的能量流动，以各种不同的形式和途径输出到系统外。参与基塘生态系统物质流动的所有元素中，氮、磷、钾是植物生长繁殖所必需的基本元素，也是生物细胞分子结构中蛋白质和氨基酸不可缺少的组成部分，在生命活动的各种代谢过程中起着十分重要的作用。

以桑基鱼塘为例，该系统是由桑、蚕、鱼三大部分构成，而桑、蚕、鱼本身也各成系统，因此桑基鱼塘是由大小循环系统构成、层次分明的水陆相互作用的人工生态系统。桑基鱼塘系统的运行是从种桑开始，经过养蚕，进而养鱼。桑、蚕、鱼三者联系紧密，桑是生产者，利用太阳能、二氧化碳、水分等生产桑叶，蚕吃桑叶而成为初级消费者；鱼吃蚕沙、蚕蛹而成为次级消费者。塘里微生物分解鱼粪和各种有机物质为氮、磷、钾等元素，混合在塘泥里，又还原到桑基中去（图 3-5）。微生物是分解者和还原者，因此，这个循环系统的能量交换和物质循环是比较明显的，各部分之间紧密联系、相互促进、相互发展。其他类型的基塘系统虽然程度不同，但都是由桑基和鱼塘两个子系统构成的水陆相互作用的人工生态系统。

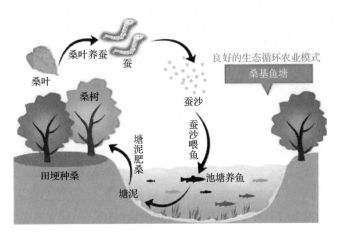

图 3-5　桑基鱼塘系统

3. 立体型生态农业案例

1）浙江青田稻鱼共生系统

浙江青田稻鱼共生系统是我国第一个被 FAO 认定的全球重要农业文化遗产，是具有上千年历史、以种养结合为特征的稻鱼农业生态系统。青田为山地丘陵地貌，山多地少，素有"九山半水半分田"之称。域内"耕田无牛绳，四季无蚊子"，极优的生态环境为稻鱼共生系统提供了条件（图 3-6）。

图 3-6　浙江青田稻鱼共生系统

　　稻鱼共生系统也就是我们常说的稻田养鱼，是一种典型的生态农业生产方式。在该系统中，水稻为鱼类庇荫和提供有机食物，鱼则发挥耕田除草、松土增肥、增加氧气、吞食害虫等作用，这种生态循环大幅减少了系统对外部化学物质的依赖，增加了系统的生物多样性。稻鱼共生系统通过"鱼食昆虫杂草—鱼粪肥田"的方式，使系统自身维持正常循环，不须使用化肥、农药，保证了农田的生态平衡。稻鱼共生可以增强土壤肥力，减少化肥使用量，并实现系统内部废弃物资源化，起到保肥和增肥的作用。有分析表明，稻鱼共生系统内磷酸盐含量是水稻单一种植系统的 1.2 倍，而氨的含量则是水稻单一种植系统的 1.3～6.1 倍。此外，系统中的鱼类还可松土，提高土壤通透性，改善土壤环境。

　　时至今日，浙江青田当地仍保留传统水稻品种 20 余种，稻田鱼则是最具当地特色、体色丰富多彩的鲤鱼——青田田鱼。青田农耕文化以水稻、田鱼（瓯江彩鲤）为特色，融入吴越文化元素，形成独具特色的

"饭稻羹鱼"的稻鱼文化，尝新饭、田鱼（鱼种）作嫁妆、鱼灯舞、稻鱼节等系列民俗活动丰富多彩。

2）浙江德清淡水珍珠养殖与利用系统

浙江德清是中国传统粮桑鱼畜系统最集中、保留最完整的区域，该系统起源于春秋战国时期。千百年来，区域内劳动人民发明和发展粮桑鱼畜生态循环模式，最终形成了种桑、种稻（麦）、畜牧和养鱼相辅相成，桑地、稻田和池塘相连相倚的江南水乡典型的粮桑鱼畜循环系统（图 3-7）和生态农业景观。粮桑鱼畜循环系统是一种具有独特创造性的洼地利用方式和生态循环经济模式，其最独特的生态价值实现了对生态环境的零污染。

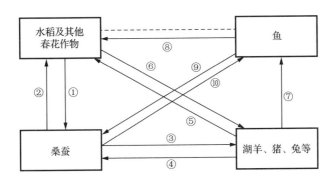

①稻草供蚕"上山"结茧；②蚕沙肥田；③老桑叶、桑地杂草喂牲畜；④牲畜粪便等肥田；⑤牲畜粪便肥田；⑥稻草麦秆等可作饲料，也可垫畜舍；⑦牲畜粪便喂鱼；⑧鱼塘底泥返田作肥料；⑨鱼塘底泥返桑地作肥料；⑩蚕沙喂鱼。

--- 稻田养鱼

图 3-7 粮桑鱼畜循环系统示意图

粮桑鱼畜循环系统是一种典型的基塘系统。整个生态系统中，鱼塘肥厚的淤泥挖运到四周塘基上作为桑树肥料，由于塘基有一定的坡度，桑地土壤中多余的营养元素随着雨水冲刷流入鱼塘，养蚕过程中的蚕蛹和蚕沙作为鱼饲料和肥料。生态系统中的多余营养物质和废弃物周而复始地在系统内进行循环利用，没有对系统外的生态环境造成污染，对保护太湖及周边的生态环境和经济的可持续发展发挥了重要的作用。

由于基塘系统的水陆相互作用，产生了下列几个特点。

　　（1）具有经常维持养分平衡的作用。每年从鱼塘向基面"戽泥花"和"上大泥"时，大量养分被带到基面，使基面经常保持一定肥力。每逢降雨，基面养分又随径流回到鱼塘，鱼塘也获得养分补充。同时鱼塘经过光合作用又可产生大量浮游生物作为鱼的饲料。

　　（2）具有自动调节水分的能力。每年从鱼塘"戽泥花"上基面时，泥花含泥75%，含水分25%，可以使基面保持一定水分。

　　（3）不断促进土壤更新。基面泥沫随着径流流入鱼塘，沉积在塘底，成为塘泥的一部分，如果不及时清理，塘泥淤浅的结果不仅会使鱼塘养殖量减少，还会消耗水中的溶解氧，影响鱼的生长。因此，每年"上大泥""戽泥花"到基面不仅可以增加基面的养分、水分，同时对塘泥和基面的土壤也都起更新作用。

　　（4）能起调节旱涝的作用。基塘结构是呈凹形的基水相连，基面隆起，不会受浸，作物遇旱情时可以通过土壤毛细管作用使根系获得鱼塘水分的调节；雨季如遇洪水，鱼塘也有一定蓄洪作用。

　　（5）基面和鱼塘把多种生物聚在同一单位土地上，组成复杂的网络系统，增加了系统的稳定性，同时能生产多种产品，满足社会多方面的需要，在抵抗产量风险和市场风险方面起补充作用，保持较稳定的经济效益。

3.3.4　海洋生态牧场

1. 海洋生态牧场的生态学原理

　　海洋生态牧场是指在一个特定的海域内，为了增加和恢复渔业资源而人为建设的生态养殖渔场。它通过休渔、放流增殖、鱼礁建设和藻类增殖等营造一个适宜海洋生物栖息的环境，同时吸引野生生物资源，形成一个人工渔场；再通过人工投饵、环境监测、水下监视、资源管理等技术进行渔场的运营和管理。

　　1）种群生态学原理

　　实行休渔政策可以确保目标种群幼鱼、幼体的数量达到一定标准，休渔期结束后，渔获量的增加及渔获物质量的提高效果显而易见。伏季休渔可使目标种群中处于产卵期的亲鱼和处在生长发育期的稚鱼得到保护。休渔政策选在伏季实施的原因是绝大多数经济鱼类在这一时期处于产卵高峰期，此时休渔可以确保其完成正常的产卵、孵化，以免将过小的幼鱼甚至亲鱼捕捞殆尽，造成渔业资源数量锐减。此外，伏季为鱼类生长较快的时期，禁渔期过后的渔获物质量和大小都会明显增加，对恢复和增加渔业资源数量起了极大的作用。

由于伏季休渔限制了对幼鱼资源破坏严重的渔具及捕鱼方式的使用，使人为破坏渔场的因素在一定时空内得到控制，渔业生态环境相应随之得以改善，为主要经济鱼类繁衍和幼鱼生长提供了较充足的时间和空间。另外，伏季休渔还阻止了高温对底栖生物群落的扰动，使海洋生物的物质和能量在自然环境条件下实现了由低层次向高层次的转化和流动。鱼、虾、贝类在休渔期间充分繁衍生长、实现增殖，一些严重衰退的种群资源数量有所增加，保护了种群的多样性，使渔业资源群落结构得到一定程度的改善，从而维持了种间的生态平衡。

2）生物多样性原理

海洋生态牧场通过人为地制造适宜的海洋生态系统，为生物提供良好的生态环境，然后将人工选育和驯化的优良品种培养成幼体后放养到海域中，以达到恢复甚至增加海洋渔业资源的目的。如果现有水生生物资源数量下降了，甚至有的资源很少或者没有了，通过放流增殖，人工补充这些生物资源到水里，可以恢复生物资源的群体，维护生物的多样性。通过放流增殖的方式可以增加有些濒危物种的数量，起到了物种保护的作用。放流增殖同时可以改善水质和水域的生态环境。放流的品种不一样，其作用也不一样，如一些鱼类、贝类可以滤食水中的藻类和浮游生物，净化和改善水质。同时，水生生物还具有碳汇作用，水生生物（鱼类、贝类和藻类）可以吸收水中的二氧化碳。

3）生态互利原理

海洋生态牧场遵循生态互利原理，充分利用养殖系统中不同营养级生物间的生态互利性及养殖水域对养殖生物的容纳量，科学整合不同营养级生物，使养殖系统中的一些生物释放或排泄到水体中的废弃物质成为另一些生物的营养物质，达到了海洋生态系统中生源要素的高效、高值利用。

2. 海洋生态牧场的结构

海洋生态牧场按海域特征可分为沿岸（近岸）海洋生态牧场、大洋海洋生态牧场；按放养生物可分为金枪鱼海洋生态牧场、鲑鳟鱼海洋生态牧场、海珍品海洋生态牧场、滩涂贝类海洋生态牧场等；按功能作用可分为休闲观光海洋生态牧场、生产海洋生态牧场、多功能海洋生态牧场等。不同的养殖海域与品种形成了不同的养殖模式与结构。

1）人工增殖与自然养护

人工增殖与自然养护主要有放流增殖、浅海底播、投放人工鱼礁、封岛栽培等措施。放流增殖是水产资源增殖的主要手段之一，是将人工培育的经济水产品苗种或采捕的自然苗种进行人工投放，使其在一定自然水域中生活，用以补充日趋减少的资源量或填补某种资源的空白。浅海底播是将水产品幼苗播撒或投放到适宜其生长的海区海底，并对海区进行人工管理，保护其不被滥采滥捕。投放人工鱼礁系用人工抛置混凝土块、石块，沉降废旧车、船、轮胎等，使海流形成上升流，将海底的有机物和近海底的营养盐带到海水中上层，促进各种饵料生物大量繁殖生长，从而诱集各种水生生物的亲体和幼体聚生，形成人工渔场。封岛栽培是将封山育林的做法引到海岛，即选择具有典型海洋生态特征和海洋生物多样性程度较高的岛屿，实施封闭式管理，禁止人们进入以岛屿为中心的一定范围海域进行人为采捕和开展其他海洋开发活动，并结合放流增殖适合该岛屿海域生长的鱼、虾、贝、藻类的苗种，使岛屿周围的海洋生态环境明显好转，海洋生物多样性指数明显提高。

2）港湾生态式大型围网养殖

港湾生态式大型围网养殖是在内湾的港汊和滩涂的高、中潮区，用网、毛竹、钢绳等材料围成一个 $3.66 \sim 6.66 hm^2$ 的水面，按照一定数量比例投放鱼、虾、贝、藻进行养殖，整个养殖区形成近似自然的生态系统，并通过人工投饵形成一个稳定的食物链结构，使各养殖产品相互制约、相互利用，从而达到稳产、高效的目的。

3）浅海多营养层次综合养殖

浅海多营养层次综合养殖模式包括贝-藻、鲍-参-海带、鱼-贝-藻等，这些模式为建立基于生态系统水平的适应性管理策略，以及探索、发展高效、优质、生态、健康、安全的环境友好型海水养殖业提供了理论依据和发展模式，加快了传统渔业向现代渔业转型，引领了世界海水养殖业可持续发展的方向。

3. 海洋生态牧场案例

1）大连獐子岛渔业集团海洋牧场业务

獐子岛渔业集团海洋牧场业务利用物理与生物的方法与技术，营造海藻场，修复与优化海珍品的生物生活、栖息场所，设置人工鱼礁、人工藻礁，对刺参、海胆、皱纹盘鲍、扇贝等海珍品的栖息环境进行修复与优化，成为中国首个获得海洋管理委员会（Marine Stewardship Council，MSC）认证的渔场。现已建成贝类综合底播增殖示范区，主要包括虾夷扇贝增殖区、鲍鱼增殖区、刺参增殖区等，实现了产业与生态的和谐发展。海洋生态牧场年提供优质虾夷扇贝 5 万余 t，被世界誉为"海底银行"。

2）海南三亚蜈支洲岛热带海洋牧场

海南三亚蜈支洲岛热带海洋牧场是基于人工鱼礁建设，改造热带海洋生物栖息环境，以恢复渔业资源和保护海洋生态环境为目的的热带海洋牧场，也是促进传统渔业向现代渔业转型，促进海洋水产资源从消耗型向资源增殖型生产方式转变，促进海洋牧场与海洋旅游相结合的一种尝试。该牧场应用海洋生态学原理，在蜈支洲岛周围海域建设与改造海洋生物生息地，以设计与建造人工鱼礁为主体，利用自然的海洋生态环境条件，不但将放流增殖的经济海洋生物聚集起来，而且为自然环境下的海洋生物提供了繁殖和生长的环境；像在陆地草原牧场放牧牛羊一样，对鱼、虾、贝、藻等海洋资源进行有计划和有目的的海上放养与捕获，保持海洋生态系统的稳定与平衡。

热带海洋牧场建设使蜈支洲岛周围海域海洋生态环境及鱼类资源恢复得到了显著改善，成效显著。据海南大学初步调查，人工鱼礁与沉船上附着的海洋生物种类高达 120 多种，特别是在部分水泥礁体和船礁表面大量的珊瑚礁上附着和生长的海洋生物种类高达 40 多种。鱼礁区鱼类资源总量比非鱼礁区提高了 5～10 倍。

3.3.5　休闲生态农业

1.　休闲生态农业的生态学原理

1）物种相生相克原理

　　物种相生相克原理是指某一物种通过向其周围环境释放的化感物质对另一物种或其自身产生直接或间接、有利或有害的效应。基于物种间的相生相克原理，利用生物之间的交互作用升级休闲生态农业系统功能。截至目前，许多休闲生态农业的种植园区出现农田病虫害和土壤养分失衡的主要原因就是单一作物的大面积种植，导致失去物种间的相生与制约作用。利用生态学的物种相生相克原理，形成休闲生态农庄内部的带状种植模式，在实现机械化的同时提高休闲生态农业系统功能，从而达到减轻园区病虫害、培育肥沃土壤的目的。例如，在茶树的休闲种植园区内利用微生物或动植物实现物种间的杀虫、驱虫、灭虫等作用，从而保证茶树的正常生长，且茶园种植的草本作物本身能够抑制杂草生长，避免了富含化学成分的除草剂的应用。

2）物质循环再生原理

　　物质循环再生原理是指在生态系统中，生物借助能量的不停流动，一方面不断地从自然界摄取物质并合成新的物质；另一方面又随时分解为原来的简单物质（所谓"再生"），重新被系统中的生产者（植物）吸收利用，进行着不停顿的物质循环。基于生态系统的物质循环再生原理，可以将休闲生态农业园区内所拥有的营养源经过多次重组转化，并且在其他生物体自身的生物降解、合成、富集及沉淀作用下，形成综合的可再利用的体系，实现部分有害物质的有效转化与消纳，如生物发酵、沼气发酵、生物有机肥应用、固体粪便堆肥等。部分休闲生态农庄的养殖牧场可以运用无激素、无农药、无化肥的生物饲料进行畜禽的喂养，配合秸秆等农业废弃物膨化发酵的养殖，从而形成生态可持续的农业种养高效循环模式。

3）生态平衡原理

生态平衡原理是指生态系统的动态平衡。在这种状态下，生态系统的组分之间相互依存、相互作用，从而在一定时间、一定空间范围内，各组分通过制约、转化、补偿、反馈等作用处于最优化的协调状态，表现为能量输出与物质输入的动态平衡、信息传递畅通和控制自如。在外来干扰条件下，平衡的生态系统通过自我调节可以恢复到原来的稳定状态，基于生态平衡原理可以形成大量的天然调理剂。目前已经广泛应用于水果、茶叶、水稻、蔬菜等休闲生态农业的种植园区，以及饲养牛、羊、猪、鱼等的养殖园区。例如，植物转化部分能量形成天然的保护液，保护液的有效成分可以形成全新的活体物质，从而可以使作物恢复到健康的生长状态，并且提高作物的抗病力，促使作物健康生长，减少病虫侵害，防止生态环境被破坏。

2. 休闲生态农业的结构

1）休闲生态林业区

休闲生态林业区一般以休闲生态农业为依托，以自然资源优势为基础，利用区域内的各类林业资源及园林景观，将休闲与体验相结合，同时也将园林艺术、生产、生活及生态环境有机结合，采用现代化设施，形成一个集自然、生产、休闲、教育于一体的林业园区综合体，从而达到消除疲劳、营造美好环境的目的。其形式多为人工林场、天然林地、林果园、绿色生态公园等。

2）休闲生态牧业区

休闲生态牧业区将休闲畜牧业与生态养殖相结合，形成了一个有机整体。其核心是利用区域的生态资源，形成畜牧业的生态性。基于此，休闲生态牧业区既可以是休闲体验园区，又可以成为生产基地。休闲生态牧业区要在设有农村养殖设备与空间、牧业生产场地，自然生态及环境的基础上建有牧业场、养殖场、动物园、狩猎区及畜牧业体验区，在满足游客休闲旅游需求的同时，也能给游客增添农村和畜牧业的知识及技能，将旅游休闲与知识实践合二为一。

3）休闲生态渔业区

休闲生态渔业区是以渔业为基础，以水生动植物为主要对象，通过对资源、环境和人力进行全新的优化配置和合理利用，并且运用一定的技术与管理方法，将现代渔业与旅游、餐饮、垂钓及知识普及等有机结合，实现休闲与生态的平衡，实现持续、稳定、高效的渔业模式。在休闲生态渔业区内，游客可以体验自己动手开船捕鱼的休闲娱乐活动，还可以即时品尝自己捕捉到的海鲜，同时还能学到一些养殖鱼类的技巧。

4）休闲生态种植区

休闲生态种植区将农业、休闲、生态三者有机结合，利用现代化的栽培、种植技术，改变固有的农业种植模式及休闲娱乐模式，展示给游客最新的农业成果，增添教育功能；可以让游客参与种植农作物的过程，亲身感受农作的乐趣；同时还可以建设趣味十足的采摘园、果蔬品尝园、观赏园等。

5）休闲趣味娱乐区

休闲趣味娱乐区多为打造各类区别于城市生活、富含趣味休闲娱乐的项目，形成属于农业、农村的文化娱乐项目。在此区域内可以举行一些趣味比赛，如插秧、捕鱼、采摘大赛、捡鸡蛋鸭蛋、喂养动物、体验农民种地、制作当地工艺品、参加当地举办的文化节等，在体验具有浓烈乡土趣味活动的同时，感受真实的乡村气息。

3. 休闲生态农业案例

1）休闲生态农庄

（1）台湾宜兰香格里拉休闲生态农庄。香格里拉休闲生态农庄坐落于台湾宜兰大元山山麓，风景秀丽，四面环山，海拔 250m，占地约 55hm²，年平均气温在 25℃左右，拥有适宜度假的气候及环境条件，被称为台湾休闲生态农庄的鼻祖。该农庄原本只有果树种植区，后逐渐增加农产品销售区、乡土产品餐饮区、休闲度假区、农作物体验区及生态森林游乐区，逐步从单纯的农场升级转型为集采摘、休闲、度假、生态等众多功能于一身的休闲生态农庄。

在当地民俗文化及农村生活的影响下，香格里拉休闲生态农庄利用稻草开发工艺作品，设立工艺品制作区，每年举办"稻草艺术节"以宣传当地的文化，使其稻草艺术远近闻名，且通过各类自己动手制作（do it yourself，DIY）的农事活动丰富农场的休闲项目，设立农作物体验区，提供一系列的讲解服务，让城市游客能够了解农庄的园区内生态及植物品种，从而提升农庄自身的吸引力。在此基础上，该农庄还规划建设了休闲养殖区，成立了牧场，分为干草制造区、青割牧草区、放牧饲养区和森林步道区，在牧场内还另外设有露天茶座区、露营烤肉区和森林浴场等；牧场饲养的奶牛多从加拿大进口，饲喂苜蓿，生产的牛奶香浓可口，品质绝佳。城市居民及游客在亲自动手体验养殖活动的同时，还能收获质量优异的奶制品与农产品。此外，该农庄还成立极具特色的庙口文化区，每晚都会在区域内开展布袋戏、吊瓶子、放天灯、打陀螺及搓汤圆等体验活动，以此重现台湾早期乡村生活。

（2）北京蟹岛休闲生态农庄。北京蟹岛休闲生态农庄坐落于北京市朝阳区，邻近首都机场高速路，是一个集生态农业与休闲旅游于一身的大型休闲生态农庄。北京蟹岛休闲生态农庄以生态农业为轴心，集种植业、养殖业、水产业、有机农业技术开发、农产品加工、农产品销售、餐饮住宿、旅游会议于一体，形成一个环保、绿色、高效、和谐的休闲生态农庄。该农庄占地面积约 3300 亩，其中包括大田种植区、蔬菜种植区、苗木花卉种植区、养殖区、休闲旅游服务区等功能分区。

北京蟹岛休闲生态农庄从吃、住、玩、游、购、行这 6 个方面全方位打造农村生活，贯穿始终。其中，"吃"是指在农庄内注重绿色产品重鲜的理念，实现了螃蟹现煮现吃、牛奶现挤现喝、豆腐现磨现吃、蔬菜现摘现做，提供有机农家菜，成为农庄内的一大特色；"住"是指农庄内建有以复原老北京风情、展现北方生活为目的的四合院群落、茅屋草堂、酒肆作坊；"玩"体现在农庄内开发的动手采摘、农事体验、捕蟹、温泉冲浪等活动，可以品尝自己亲手采摘或捕捉的动植物及水果作物；"游""行"指的是农庄内采用复古的生态交通方式，如羊拉车、牛拉车、马拉车、骑骆驼等，尽可能利用畜力代替不利于环境及生态保护的现代化交通工具，同时设计合理的道路及绿色屏障；"购"指的是在农庄内销售的都是游客自己动手采摘的农作物与垂钓的水产品。

2）田园综合体

（1）山东临沂朱家林田园综合体。朱家林田园综合体坐落于山东省临沂市沂南县的西部山区，是山东省第一个也是唯一的国家级田园综合体建设试点项目。该综合体总规划面积 28.7 万 km^2，核心区约 $3.33km^2$。这里物种丰富、四季分明、田园旖旎、风景秀丽、交通条件良好，并且具有沂蒙山区的典型特色。

朱家林田园综合体以朱家林生态艺术社区为基础，于 2016 年 7 月开始投入建设，将农民专业合作社、农民创客作为主体，以创意农业、文创产业为核心，规划建设"二带二园三区"。其中"二带"为珍珠油杏经济带和有机小米杂粮经济带，后者更是国家地理标志农产品"孙祖小米"的主产区。"二园"为创意农业园和农事体验园。创意农业园依托创意产业的发展理念，将科技与人文因素高效地融入农业生产过程，拓展农业功能，重新打造传统农业的形象。农事体验园由多个独立的主题体验园及休闲园共同构成，为游客提供体验农事和田间劳动的乐趣，如田间地头有机农业、白云山沂蒙茶圣园、朱家林葡萄园等。"三区"主要是指田园社区、创意孵化培训区，以及农村电商和加工仓储物流区，其中田园社区大多位于乡村田园间与当地居民共同居住的生活社区，最大限度地保留当地的乡土文化及建筑特色。

（2）振兴-西火田园综合体项目。振兴-西火田园综合体项目坐落于山西省长治市上党区振兴村，西邻陵川，南壤高平，北依雄山，四周环山，风景怡人，交通便捷，地理位置十分优越，有"天然氧吧"之称。

振兴-西火田园综合体项目总投资 21.79 亿元，园区总规划面积 22 460 亩，其中综合服务区 1327 亩，振兴牛小镇 1030 亩，湖山花恋区 1925 亩，小牛成长营 1872 亩，创意田园区 864 亩，西火古村落和红色教育基地 1004 亩，农业生产区 13 000 亩，其他 1438 亩。

　　振兴-西火田园综合体项目全力建设打造以"循环农业、创意农业"为产业基础，集农事体验、休闲旅游、田园社区于一体，商业配套健全的综合性田园综合体试点，形成集创意农业、文化体验、亲子娱乐、田园社区、度假休闲于一体的田园综合体，全面构筑"一心两带八区"发展体系。其中，"一心"为综合服务中心；"两带"为美丽乡村居住带和龙头企业产业带；"八区"为红色教育区、餐饮休闲区、婚恋区、拓展区、中国红村、创意农业区——红果果社区、西火古村，以及生产种植区。

第4章

不同区域生态农业

4.1　粮食主产区生态农业

4.1.1　代表性地区的资源环境条件

　　东北平原和华北平原是我国典型的平原粮食主产区，其生态农业发展情况与丰沛的资源条件息息相关。东北平原由松嫩平原、辽河平原和三江平原组成，占全国平原面积的 1/5，地形平坦，耕地面积大；东北平原有黑龙江、松花江、牡丹江、辽河等多条河流为粮食种植提供充沛的水资源。东北平原出产小麦、大豆、玉米、水稻，东北大米全国闻名，东北平原光热资源丰富，是世界上种植水稻纬度最高的地方。由于纬度高不能种植热量要求较高的作物品种，东北平原种植一年一熟作物，即便如此，东北平原的粮食产量还是占我国粮食总产量的 1/3，是重要的粮食生产基地。

　　华北平原由黄河冲击而成，具备大面积种植作物的地形、土壤、水源等先决条件，加之华北平原地处暖温带，具备作物生长所需的丰富热量条件。因此，华北平原以种植两年三熟和三年五熟作物为主，其雨热同期的暖温带季风气候也适宜发展农业。华北平原最大的问题就是黄河"三年两决口，百年一改道"。据记载，公元前 602 年至 1938 年，黄河下游决口次数达到 1590 次，其中，河北、河南、山东等地都是黄河下游洪水灾害频发地区，在几千年和黄河博弈中，人们已经逐渐摸清了黄河的"脾气"，在这片曾经多灾多难的地区建立了我国重要的粮仓。

4.1.2　代表性地区的生态农业现状

东北温凉湿润区的生态农业模式受光热资源不足的限制,低温冷害是该地区生态农业的主要威胁,作物通常都是一年一熟。该地区是我国粮食的主产区之一,生态农业的经营模式具有很大的潜力,主要的经营模式有:①林药间作模式,通常是在次生林中进行间伐,在林冠下种植药用植物或经济作物;②家庭农场模式,主要是通过对农林牧渔的立体配置,追求生态效益和经济效益的统一;③湿地稻-草-鱼生物循环模式,通过增加物质循环过程,增加食物链,减少物质和能量的投入。东北地区的气候和地形复杂多样,生态农业的发展受生态环境的综合治理、退耕还林措施的影响,形成了独具地方特色的生态农业模式。

华北温暖湿润区气候温和,是我国重要的粮食、蔬菜生产基地。该地区除了传统的农林复合经营和庭院复合经营生态农业模式外,还有影响比较大的"四位一体"生态农业模式,在这种模式中,沼气池、猪禽舍、厕所和日光温室相互依存,形成一个整体。其中,猪禽舍和厕所为沼气池的发酵提供了丰富的原材料,沼渣可以成为蔬菜的有机肥。日光温室使蔬菜在冬季种植成为可能。这一模式是华北平原较为经典的模式,但随着养殖规模化的发展及液化石油气的竞争,这一模式逐渐衰落。

4.1.3　未来生态农业发展的技术与模式选择

平原主产区的生态农业目前主要有以"四位一体"为代表的循环模式和以混养、间作为主要形式的生物共生模式,未来应该关注农林牧协调发展和野生生物资源利用两个方面,实现农业生态环境及农业经济的协同发展。

从发展林牧入手,推行农林牧协调发展的生态农业模式,尤其在缺林少树、风沙侵蚀严重的地区,采取以植树造林防风固沙为先行、积极发展养殖业、多使用农家肥培肥地力等农业生态建设措施,促进农林牧协调发展,达到树成荫、林成网、锁住风沙、提高地力的效果,使之走上林丰、粮丰、畜旺的良性循环之路。此外，还应积极发展野生生物资源高效利用的生态农业模式。

1. 复合种植型生态农业模式

轮作、间作和套种等是保持土壤肥力的重要耕作技术手段。在我国，以轮作、间作和套种为核心形成了历史悠久、类型丰富的多种复合种植型生态农业模式，最为典型的模式类型有南方水旱轮作模式和北方旱地轮作模式。

1）南方水旱轮作模式

水旱轮作是亚洲各国普遍采用的一种稻田复合种植模式，也是我国南方主要的耕作制度之一，主要集中分布在淮海流域、长江流域稻作区，涵盖全国 10 余个省份。作物品种主要有小麦、烟草、油菜、绿肥作物等，其中以小麦、油菜最为常见。位于成都平原的四川郫都林盘农耕文化系统是我国南方水旱轮作模式的典型代表，也是农业农村部认定的中国重要农业文化遗产。

在四川郫都林盘农耕文化系统中，形成了在水旱轮作为核心，增种、间作、套种等复种制度，以及与小春作物轮作等相结合的复合种植模式。当地最为常见的水旱轮作模式有水稻-小麦、水稻-油菜、水稻-大蒜、水稻-圆根萝卜、水稻-蔬菜等。

2）北方旱地轮作模式

长期以来，我国旱地多采用以禾谷类作物为主或禾谷类作物、经济作物与豆类作物的轮作，或与绿肥作物的轮作。位于东北平原的辽宁阜蒙旱作农业系统是我国北方旱地轮作模式的典型案例，也是农业农村部认定的中国重要农业文化遗产。

2. 林（桐）-农复合模式

泡桐是我国重要的用材树种和特色乡土树种，可以与农田一同组成农林复合生态系统，在保障农业稳产高产、解决木材缺乏的矛盾方面发挥着重要作用（蒋建平，1990）。在生产应用中这种复合模式主要以小麦、花生、豆类、红薯和中药材为主，其形成的泡桐农林复合系统可以更好地发挥生态屏障作用，减轻自然灾害对林下作物的威胁。但在 20 世纪末，由于农业发展优先的指导思想及泡桐生产中存在病虫害发生严重等问题，导致泡桐被大量砍伐，农桐间作的发展受到了严重影响（徐鹏程 等，1993；孟庆法和侯怀恩，1995；周素芬 等，2019）。

当前，河南、安徽、山东、湖北等地通过培育自然接干率高、丛枝病发生率低、抗逆性强的泡桐优良新品种，以泡桐新品种为核心构建形成了泡桐-油用牡丹、泡桐-花生和泡桐-小麦等复合模式。其中，泡桐-油用牡丹复合模式即选择适宜的泡桐林地，在其林下种植油用牡丹，可显著提高每亩林地的收益；泡桐-花生复合模式即选择适宜的泡桐林地，在其株行距中种植优质品种花生，通过花生的固氮作用改善土壤养分，促进泡桐林分健康生长；泡桐-小麦复合模式是在泡桐林分株行距中种植优质品种小麦，通过泡桐林分形成的小气候减少小麦病害并提高小麦产量（赵振利和翟晓巧，2020）。

4.2 山地水土保持型生态农业

4.2.1 代表性地区的资源环境条件

对山地农业而言，资源环境条件受自然区位和经济区位两个方面的影响。在自然环境条件方面，山地地质构造复杂，地形起伏大，地貌破碎。气候上有的拥有从亚热带到寒带的完整带谱，立体特征明显；有的"一日有四季，十里不同天"。同时，山地土质一般较差，但是植被丰富，森林覆盖率高，生物多样性显著，生态多样性优势突出，山地生态环境破碎后不易恢复。在社会经济条件方面，山地环境相对闭塞，不利于生产技术的提高，使生产保守性极强，生产水平普遍不高。在局部范围内，由于生态环境复杂多样，能以不同方式满足低标准的自给自足的生活，因此自然经济的基础根深蒂固。山地交通运输不便也在一定程度上制约了一些鲜活农产品产业的发展。此外，山地农业人口压力不大，一般以农村人口为主，山区教育科技相对落后，经济发展水平低，城市化水平不高，工业化水平落后于全国平均水平，工业产业布局少，以农业为主，并且交通、水利等农业基础设施建设滞后，应对极端天气引发自然灾害的能力不强，抵御自然灾害的能力较差。在人类活动及其影响方面，山地农业土地利用类型复杂，城镇分布较少，污染物排放较少，环境质量状况优良。这种特殊的地理环境，与各民族不同的生存方式结合，产生了不同的经济文化类型。

　　喀斯特地区是一种特殊的地表类型。喀斯特地区生态环境脆弱，山高坡陡，水土流失严重；农业资源稀缺，耕地破碎，土壤贫瘠、土壤水分及热量交换速度快、保水保肥能力较差，中低产田土比重大；工程性缺水问题突出，人均有效灌溉农田面积极低。此外，喀斯特地区自然灾害频发，因其土层较薄，植被结构相对较简单，所以一旦遭受破坏，即使环境恶化，恢复困难，重新整治恢复耗资费力，周期甚长。裂隙、暗河、漏斗和落水坑等较多，致使岩溶皱褶区地层易漏水、保水能力差。在雨季时，易发生山体滑坡、泥石流等自然灾害；若长期不下雨，又容易形成旱灾；加之水利基础设施建设落后，常出现农业生产性缺水，严重影响喀斯特地区现代农业的发展。

4.2.2　代表性地区的生态农业现状

　　对山地生态农业来说，垂直高度上的气候差异及小气候特征对农业物种有较大的选择性，坡地上的农作物种植通常会出现一定的垂直地带性分布。因此，复合农林业和立体农业多为坡地持续利用的重要农业生态系统模式。旱作梯田、稻作梯田等是坡地上重要的农业景观。山坡地适宜种植的农业物种多以林、果、草、药和经济作物为主。对平地而言，土地适宜性较广，农作物种植多以间作、套种、轮作等精耕细作农业模式为主，农作物多以水稻、小麦、蔬菜等为主。对低洼地而言，考虑地下水位和盐分的影响，农业利用多采用高畦深沟系统或基塘系统的农业生态模式。

　　贵州从江的稻-鱼-鸭传统农业生态系统是农民在土地资源紧缺的自然条件下，经过长期摸索创造出的一种独特的生产方式和土地利用方式。这种方式有效节省了土地资源，实现了天然的农业立体生产，有效地缓解了人地矛盾；农民与自然和谐共存，实现了真正意义上的天、地、人和谐共处，为其他同类地区合理利用土地、发展适应本地条件的生存方式提供了借鉴。在稻-鱼-鸭系统中，生产者（水稻、杂草）和消费者（鱼、鸭）构成了一个复杂的食物链网络结构，能量、水、肥的利用效率较高，具有较大的稳定性及对抗外界冲击的能力。在稻-鱼-鸭系统中，稻瘟病和纹枯病能够得到有效控制。这是因为鱼和鸭长期在稻田中觅食、排泄，自然而然形成了与之相关的微生物群。该微生物群会制约其他微生物群的蔓延，因此，能够对水稻生长产生威胁的微生物不会泛滥成灾。此外，水稻受害虫危害很大，特别是啃食稻秆、稻叶的害虫会对水稻的生长造成严重的威胁。稻-鱼-鸭系统能有效控制稻田稻飞虱和叶蝉的数量，防除效果可达 64.85%～94.97%（杨治平 等，2004），基本达到与化学杀虫剂相当的作用；但对稻纵卷叶螟和其他害虫的防治效果有待进一步研究。

　　喀斯特地区的生态农业发展非常迅速，常见的生态农业模式有构树、白蜡、桑树与农业的复合模式，杉木与黄连等林药间作模式，林粮间作模式，稻田三熟复种模式。林粮间作模式除了具有防止水土流失的功能外，构树、桑树还可以作为动物的饲料，用于发展养殖业，具有很高的经济价值。稻田三熟复种模式是根据当地稻作一年两季水稻种植发展出来的一年三季种植的模式，该模式的主要做法是在原来稻、麦两季种植的基础上进行合理的间作、套种，例如，在水稻和油菜连作中间种植季节蔬菜。通过这种模式调整，可使光热资源得到充分的运用。目前这种生态农业模式已经在成都平原广泛开展，形成了典型的水旱轮作生态农业模式。

4.2.3　未来山地生态农业发展的技术与模式选择

　　未来山地生态农业的发展应更加充分利用垂直空间的资源，继续发展和优化立体农业。按照"多功能农业、多物种共存、多层次配置、多时序交错、多级质能转化和循环利用"的原则，把不同生物种群组合起来，建立立体种植、立体养殖或立体种养的农业经营模式。优化利用光、热、水、肥、气等资源和各种农作物在生育过程中的时间差和空间差，在地面地下、水面水下、山里山外、山上山下、田间水库通过合理组装，粗细配套，组成各种类型的多功能、多层次和多途径的高产优质生产系统，从而获得最大的经济效益。此外，创建一批生态特色立体农业基地、园区，推行不同环境条件下林农、林经、林菌、林药、林果、林草畜、林旅游等生态农业综合发展方式，推进间作套种、错季种植等立体种植措施来提高复种指数和产出率，推广"四位一体"的循环农业，发展融水库建设、自然风光、田园景观、农庄生活体验等于一体的乡村旅游。发展立体农业，有利于生态建设与保护，可治理水土流失，保护森林及旅游资源，是山区生态农业和生态旅游发展的客观要求。

4.3 旱地节水型生态农业

4.3.1 代表性地区的资源环境条件

西北地区多为半干旱、沙化和干旱地区，是发展旱地节水型生态农业的代表性区域。西北地区拥有充足的光照条件，日照时间较长，为喜光植物提供了良好的生长条件。此外，西北地区土地广阔，生物资源丰富，草场广布，草质优良，适宜发展畜牧业。因此，西北地区是我国的重要牧区和（绿洲）灌溉农业区，种植业以旱作为主。

西北地区是全国最大的长绒棉基地、重要的灌溉农业区（新疆、宁夏河套）、重要的温带水果产地（新疆）和重要的糖料作物基地（新疆、内蒙古）。西北地区的内蒙古牧区和新疆牧区是全国重要的畜牧业基地。内蒙古牧区主要集中在贺兰山以东，这里降水较多，地表水资源比较丰富，草场质量较好。优良的畜种有内蒙古的三河马、三河牛等。贺兰山以西气候渐趋干旱，草原产草量减少，限制了畜牧业的发展。新疆牧区主要是山地牧场，集中在天山、阿尔泰山一带，夏季牧场在林带以上，冬季牧场在山麓地带。优良畜种有伊犁马、新疆细毛羊等。该区出产的肉、奶、毛、皮及其加工产品，不仅能满足当地人们的生活需要，还被大量输送到国内其他地区或出口到国外，成为本区重要的经济支柱。然而，西北地区生态环境极度脆弱，区域整体多旱少雨。尽管该地区水资源丰富，但大多数为冰川水和雪水，不能被直接利用。此外，该地区早晚温差较大，耕地肥力弱，不利于作物生长，农业生态系统受资源恶化的扼制，长期处于一种不稳定状态。总体来说，西北地区农业产业长期处于传统资源消耗型发展模式，此类发展模式最直接的影响是资源枯竭、农业生产效率下降、可持续发展呈现不良状态。落后的生产条件及恶劣的生态环境始终制约着我国西北地区经济的快速发展。

4.3.2　代表性地区的生态农业现状

黄土高原半干旱半湿润区的生态农业模式主要受水土流失和水资源不足的限制。该地区以丘陵沟壑和山地为主，加上雨热同季引发的山洪，极易造成水土流失。根据地形和水文特征，当地的生态农业模式主要为旱作生态农业模式，这种模式通过工程或生物方法保存降雨，通过丰富的生态知识提高水资源的利用效率；农牧林果综合配套生态农业模式通过构建"近山林果远山草、阳坡经济林、背坡用材林、川台坝地农作物、荒沟坡洼种林草"的综合配套模式，实现生态治理水土流失、林果发展经济的目标。

西北干旱区的生态农业模式主要受干旱条件的限制。这里雨水不足，风沙治理难度大，当地的农业生产无论在范围上还是在类型上都受到很大限制。当地的生态农业模式主要有葡萄长廊配置模式，这种模式是林农立体种植的一种，主要是在农田或道路旁栽种果树，实现光热和水土资源的充分利用；还有桑树、银杏树复合栽培模式，这种模式非常普遍，在副林带、林农间作和庭院种植中广泛采用，一方面经济林起到防风固沙的作用，另一方面可产生较高的经济效益。

4.3.3　未来生态农业发展的技术与模式选择

西北地区绿洲面积占其区域总面积的 12.3%，其分布面积由东向西逐渐减少，绿洲农业已成为西北地区农业经济发展的主要载体。人工绿洲多以山地进行水资源补给，陕西秦岭、甘肃祁连山、新疆天山等山地水源多为绿洲提供肥沃的土地。农业建设的历程表明，新疆天山北坡绿洲农业主产区与甘肃河西走廊地区类似，都有十分丰富的农业生产经验。可参照甘肃河西走廊地区发展模式，在原有水资源短缺、植被退化的环境基础上，建立节水灌溉系统，利用该地区光能热能，发展适合地区环境的特色农业产品，形成多样化产品体系。在发展生态农业的同时，做足循环农业，建设"植被保护、封山育林、以果业带粮业"的发展新模式。类似模式在新疆石河子垦区、宁夏南部农业产业等绿洲地区也得到较好的推广。

绿洲为西北生态农业提供了优良的生态环境，而地区产业化建设也应当反哺绿洲环境。水资源是西北绿洲地区应该重点拓展的资源，推广节水灌溉技术，实现节水灌溉网络化，增强水资源利用效率，做好水消耗与经济增长的耦合协调，在土地规模化平衡条件下，适当开发利用未开垦土地，对已开垦但严重退化的土地进行补植修复。转变传统粮食生产，发展"两高一优"的农业生产模式，即高产量、高品质、优化资源的粮食品种，在满足粮食生产的基础上，利用剩余土地发展优质高效的生态特色农产品，主要以无公害、有机、绿色产品为主，引进开发深加工农业企业，形成粮食-瓜果特色农产品多层次商品生产基地。另外，在已有生态农业基础上，以产业中基础主体单元（农户）为根基，转向集约发展庭院、农场经济；制度上充分赋予农户经营权，鼓励当地农民在自家庭院圈养家畜，栽培果树，以形成不同规模、不同层次的立体化庭院种养业。

4.4   湿地保护型生态农业

4.4.1   代表性地区的资源环境条件

长江中下游地区农业的发展与湿地的开发和保护紧密相关。这里地势低平、湖泊众多、河渠稠密、水田连片，是我国重要的粮仓和"鱼米之乡"，历来有"苏湖熟，天下足""湖广熟，天下足"等美誉。

长江中下游地区优越的自然条件和悠久的历史非常有利于发展生态农业。首先，长江中下游地区的地质构造比较复杂，地层多样，包括了丰富的沉积岩、火山岩和变质岩等，这些岩石的不同性质和成分为土壤提供了多种营养物质。其次，长江中下游地区属于亚热带季风气候，雨热同期，降水丰沛，具备良好的农业生产条件。再次，这里的地形起伏不大，水土流失较少，有利于土壤的保持和积累。最后，长江中下游地区的农业历史悠久，人们在长期的农耕过程中采用了多种有效的土壤改良措施（如施肥、轮作、深翻等），使土壤质量得到了不断提高。

长江中下游地区是我国重要的农业生产区，其中稻作农业以南方早稻、中稻、晚稻为主，每年产量较高，占全国稻米总产量的一半以上。除此以外还有一些经济作物，主要是油菜，种植面积较大，可供榨油或用作饲料。长江中下游地区气候温暖，土地肥沃，还适宜种植水果，主要有葡萄、桃、柑橘、梨等，其中以柑橘产量最大。

4.4.2　代表性地区的生态农业现状

长江中下游地区以发展沿海渔业和复合种养业为湿地开发利用的主要手段，其生态农业模式是长江流域农业生产的典范。本部分以江苏兴化垛田传统农业系统和浙江青田稻鱼共生系统为例，来理解长江流域湿地生态农业的特征。

江苏兴化垛田传统农业系统是农林渔复合的系统。垛田地区常年雨水充沛，热量充足，气候温暖，无霜期长，农作物生长期较长，提高了农业的复种指数。垛田地下水上升形成的湿润"湿阵"线对池杉、水杉等耐湿树木生长十分有利，可以在垛田上发展林业，林下多以种植蔬菜为主。垛田土壤养分充足，有利于蔬菜生长，与传统的粮食作物相比，林下种植蔬菜经济效益更高。垛田传统农业系统中树木树冠位于间作作物上方，根系分布于作物下方，但只要作物种类选择得当，就可以避免双方竞争，充分利用资源和营养空间。另外，适当增加系统中的生物成分，可形成物质的多级循环利用，提高能量转化率和系统生产力。垛田传统农业系统中农作物种植多采用轮作倒茬与间作套种相结合的种植制度。河沟内可以放养鱼苗，充分利用水资源来发展渔业。从 1979 年开始在江苏兴化周奋乡崔四村开发滩地，营造池杉林，包括以林为主的垛田造林、林粮间作式埂田造林、以养殖为主的鱼池埂造林、林渔并举的复合型造林，迄今形成了林经、林粮、林渔、林牧等多种林农牧渔复合模式。林农牧渔复合系统采用多层次、多时间序列配置方式，提高了系统的光能利用率。据测定，六年生池杉-油菜复合系统光能利用率比油菜单作提高 1.5～2.5 倍。垛田地区独特的农业景观、良好的生态环境和丰富的民俗文化是开发旅游产业的宝贵资源。利用垛田、湿地、水面、耕地这些优质资源，合理开展休闲农业、生态旅游等项目，既促进了当地经济发展，增加了农民收入，也促进了传统农业资源的动态保护。

在浙江青田地区，稻鱼共生系统是当地一种典型的生态农业模式。通过鱼食昆虫杂草—鱼粪肥田的方式，系统自身维持正常循环，保证了农田的生态平衡。稻鱼共生系统充分利用稻田良好的生态条件作为鱼的生长环境，让鱼清除田中杂草，鱼类觅食害虫，减少病虫害的发生，改良土壤；同时水稻为鱼的生长、发育、觅食、栖息提供良好的环境，形成一种原始协作、互惠共生的生态系统。中国水稻产区特别是南方山区人多耕地少，稻鱼共生系统将水稻种植业与水产养殖业结合起来，互相利用，形成新的复合生态农业系统。稻鱼共生系统通过稻、鱼互相作用，利用山区生态资源，在稻田中田鱼取食杂草，吃掉水稻无效的分蘖及稻飞虱等有害昆虫，能明显减少病虫草害，鱼的粪便还能肥田。水稻可以为鱼遮阴、提供饵料。种稻过程中很少施用或不施用农药、化肥，养鱼不用抗生素、生长激素，整个生长过程是生态安全的，提高了稻、鱼产品品质，大幅提高了其在市场上的竞争力。农民稻田养鱼除自家消费外，也可以拿到市场上销售，成为增加收入的重要手段。

4.4.3　未来生态农业发展的技术与模式选择

长江流域过去的生态农业基本围绕农业展开，在模式和技术选择方面已取得显著成效，基本形成完整的模式，未来需要进一步完善这种典型发展模式。在产业集聚与融合的趋势下，未来发展应更多地考虑与工业和服务业的融合发展，借助产业链上下关联效应，生态农业逐渐融入生态工业，并借助农业观光旅游等形式，发展与生态服务业相融合的新业态。在宏观层面上应该形成以县域和镇为主导的生态产业模式；在中观层面上建设生态产业示范区，并进一步推广典型农作物的种植模式经验。

4.5　高原生态保护区生态农业

4.5.1　代表性地区的资源环境条件

青藏高原是发展高原生态农业的代表性地区。青藏高原是指屹立于我国西南边陲海拔 3000m 以上的高原和河谷山地，是我国三级地貌台阶的最高一级。该地区自然环境独特，自然资源丰富，但生态系统脆弱，经济发展较为落后，生态农业建设任重道远。青藏高寒区的生态农业主要受温度限制，这里虽光照非常充足，但温度较低，紫外线强烈，立体气候是该区域的一大特色。因为受环境条件限制，该区域种植农业相对欠发达，树种相对较少，以榆树、藏川杨和沙棘为主，牧草以披碱草、苜蓿为主，粮食作物以青稞为主。一江两河（雅鲁藏布江、年楚河、拉萨河）流域是粮食主产区，林草带状间作模式和林果草复合经营模式是主要的生态农业模式。

4.5.2　代表性地区的生态农业现状

青藏高原生态保障区的重要功能是生态安全屏障，同时受气候条件的约束，青藏高原的大部分地区以传统畜牧业为主，只在河谷地带有农业分布。在青藏高原腹地边缘地带存在着很多农林牧复合经营的农业方式，主要类型为林–牧复合经营、林–农复合经营和农–牧复合经营，并伴随设施农业、立体农业和生态农业的发展。

以扎尕那农林牧复合生态系统为例，部分开垦的农田与天然草地相间分布，种植业与畜牧业混合。一般在草地上开垦农田，农田之间留着与农田面积相等或略大于农田面积的草地，农田与天然草地并列存在。保留一定面积的草地，可以很好地保持水土，放牧不多的家畜，这些家畜既是农业耕作的主要畜力，又是运输的主要工具，同时也可为农民补充肉和奶。农作物秸秆和人工种植的饲料是本地区畜禽饲料的主要来源，对畜禽生长育肥起到很重要的作用。此外，晾晒青稞的排架在冬季起到圈养牛羊等畜禽的作用，而夏季则在其中种植饲料作物或者蔬菜，可充分利用发酵后的畜禽粪便作为农家肥。因此，无论在河谷滩地还是浅山地区，保留与农田面积相等的大片草地，对当地居民来说具有重要的经济意义与生态意义。在分布方式上，该地区耕地主要分布在河川沿岸阶地，林地主要位于其外围海拔较高地区，也有少量分布于农田之间。外围森林既能起到防止水土流失、涵养水源、减轻旱涝风灾的生态作用，又能有效调节田间小气候；田间树木可以提供薪柴燃料，建筑、农具制作的材料，还可以防风固土，在一定程度上减轻人们对外围天然林的破坏；而农田作物的间作套种、轮作、秸秆沤肥等增加了土壤养分含量，促进了林木的生长。

林业与畜牧业作为该地区的支柱产业，是居民的主要经济来源。该地区山大沟深，灌木林常与草场相连；此外，通过荒山造林、退耕还林还草项目营造一定面积的林间草场，是进行林下畜牧业养殖的基础。该地区林下养殖最具代表性的养殖品种为蕨麻猪。在农作物下种后到收割期内，由各户轮流将其放牧在青草茂密的草场和林间，蕨麻猪采食一些鲜嫩多汁的野生植物的茎叶和籽实，尤喜采食蕨麻。这些畜禽的粪便作为很好的肥料，为林木的生长提供养分。由此可见，实行林牧结合进行林下养殖，对增加畜禽产量、加强林业建设、保持生态平衡、提高土地使用效益、减少养殖成本、增加农民收入具有很强的现实意义。

4.5.3 未来高原生态农业发展的技术与模式选择

高原生态保护区未来生态农业的发展必须要有良好的生态环境，应在发挥传统农业优势的基础上，合理利用农业自然资源，优化农业生产结构，发展优质、高产、高效、低耗的生态农业。

首先，应充分利用西藏光、热、水、气等自然资源，通过改良农作物品种，采取合理的配套栽培措施，提高农作物产量；在流动农区发展饲草、绿肥的复种，充分利用余热资源，促进农区畜牧业发展。其次，实施科学的放牧和轮牧模式，应以畜产品的数量、质量为衡量标准。避免无节制发展牲畜头数的倾向，并确定合理载畜量和科学的轮牧方式，防止超载过牧与乱放。最后，加强以人工饲料为主的草场建设，以提高草场的生产力。采取有效措施改良退化草场，防治鼠虫害，促使退化草场恢复生机。

第 5 章

现代生态农业的实现路径

近年来，农业生产在追求产量最大化的同时也带来了一些显著的环境问题，包括农业面源污染和温室气体的大量排放，频频出现的食品安全问题，以及不合理的农业生产造成的生物多样性减少、水土流失等生态系统服务功能下降等。因此，现代生态农业很重要的一个目标是在有效实现农业生产功能的基础上，减少农业对环境的负面影响，即要把农业生产的社会效益、经济效益与生态效益协调起来，这一目标的实现需要依赖各种现代高效生态技术，以维持生态农业的管理和运作。现代生态农业是从生态经济系统结构合理化入手，通过工程措施与生物措施强化生物资源的再生能力；通过农田景观改善及农林复合系统建设，使种群结构合理、多样化，恢复或完善生态系统原有的生产者、消费者与分解者之间的链接，形成生态系统的良性循环结构及实现物质的循环利用。在种群结构调整中，依据生态适宜性原则，改善农业系统内的生物多样性，不但有利于促进生态资源的保护与培育，也能为产业的多样化、良性循环的生态农业产业化奠定物质基础，有利于提高绿色覆盖率、改善生态环境和资源高效利用，有利于减少废弃物排放造成的环境污染，实现农业的清洁生产。因此，现代生态农业多采用种养结合技术、绿色生产技术和现代高新技术等来应对农业生产的环境问题，实现农业生态系统的可持续发展。

总体而言，现代生态农业的生态技术体系旨在通过提高资源的利用效率，加强农业生态系统中的物质循环效率，促进农业生态系统中物种之间的互利互惠，以应对不合理的农业生产造成的典型环境问题。值得注意的是，在利用现代生态农业的生态技术时，应当因地制宜地引进、改造和优化组装，不仅要注意先进性，更要重视其适用性、技术间的协调性和总体效果，最终形成集传统农业技术精华与现代高效技术于一体的生态技术体系。

5.1　种养结合技术

5.1.1　种养结合技术的产生背景

自然生态系统中的生物之间存在着各种各样的相互关系，这些相互关系可以分为两大类：对抗和共生（表 5-1）。在农业生态系统中同样存在着各种关系。生态农业经营追求的目标就是控制、协调和利用好这些关系，以获得最大的经济效益和生态效益。

表 5-1　物种之间的相互关系

物种 A	物种 B	相互关系	作用特征
+	+	互利共生、协作	互利
+	0	偏利共生	偏利
0	0	零关系	无作用
0	−	他感	抗生
+	−	捕食、寄生、草食	捕食、寄生
−	−	竞争	竞争

注：+表示正向影响，−表示负向影响，0 表示无影响。

在自然界中，物种共生是一种非常普遍的现象。森林中一些兽类和鸟类在林木上筑巢而对林木并不造成危害，称为偏利共生；蜜蜂在采集花蜜的过程中帮助植物完成授粉过程，称为互利共生。在生态工程中如何选择和匹配好这些关系，发挥生物种群间互利共生和偏利共生机制，使生物复合群体"共存共荣"，是人工生态系统建造的关键。在农业上，人们有意识地利用生物之间的共生关系已经有了很长的历史。人们很早就发现，农作物与豆科植物种植在一起，要比农作物单作时有更高的产量，这其实是利用了豆科植物与固氮细菌的共生关系。近年来，人们把生物共生关系应用推广到许多其他物种，已经有许多成功的例子。林业方面，造林时应用接种过菌根真菌的幼苗营造混交林（如东北地区的落叶松和水曲柳的混交林），以及应用东北次生林的改造方法——栽针保阔等；农林复合经营方面，如长白山区的林参结构、河北的枣粮间作、河南的桐粮间作、江浙地区的杉粮间作等，都取得了很好的效益。

此外，农业生态系统本身是一个人工的生态系统，它具有特定的结构和功能特征。只有在保证物质循环和能量流转过程畅通的良好结构的前提下，农业生态系统才能产出更多的产品，更好地发挥各种有益的效能。生态系统是由各个组成部分紧密结合在一起形成的一个有机的整体，各成分之间相互作用、相互联系，其中任一成分的改变必然会影响其他成分的变化，并且可能进一步影响整个生态系统的结构和功能。农业生态系统的各个成分之间也并不是孤立的，而是彼此相互影响、相互作用的。这就要求分析各生物成分之间及生物成分与非生物成分之间的相互关系，在向系统中引入或去除某一生物成分之前，弄清这一成分的引入或去除对其他成分及整个农业生态系统的影响。因此，种养结合技术以种植业、养殖业（畜牧养殖、水产养殖等）等多种农业生产方式的结合为特征，以加强农业生态系统的循环利用，实现资源利用的最大化和生产效率的提升。

5.1.2　种养结合技术的现状、成效与问题

高效立体种养型生态农业模式通过生物（作物）与生物（动物）、生物与环境之间的高效联系，充分利用有限的土地、水等自然资源，提供优质、高产、种类丰富的农产品。当前，稻田生态种养、林下经济与农林复合经营、桑基鱼塘、猪-沼-果等模式是我国乃至全球种养结合技术的典型代表。

1. 稻田生态种养

近几年发展迅速的稻田生态种养模式主要有稻-鱼共生模式、鱼-菜共生模式等。

1) 稻-鱼共生模式

稻田养鱼是通过人工构建的稻鱼共生关系，达到水稻增产、鱼丰收的目的。在稻-鱼共生模式（图 5-1）中，水稻、杂草构成系统的生产者，各种鱼类构成系统的消费者，细菌和真菌是分解者。在浙江、福建、江西、贵州、湖南、湖北、四川等省份的山区稻田养鱼较普遍，鱼类养殖以草鱼、鲤鱼为主，也养殖鲫、鲢鱼、鳙鱼、鲮等。

图 5-1　稻-鱼共生模式

当前，在稻-鱼共生模式的基础上，各地逐步形成了稻-虾共生、稻-蟹共生、稻-鳝共生、稻-鳅共生、稻-菜-鱼共生、稻-萍-鱼共生等多种类型。在各类稻-鱼（虾）共生模式中，稻田内还可种植莲藕、菱角等经济作物，由单品种向多品种混养发展，由种养常规品种向种养名特优新品种发展，技术上由多产业多学科的技术组装。

与单一种植模式相比，稻田生态种养模式在稻米品种改善、生物多样性保护、温室气体减排等方面具有突出价值。

在稻米品种改善方面。①稻-蟹共生模式能够在保证优质食味粳稻产量的前提下，降低稻米蛋白质含量，增加稻米食味值；显著增加稻米中铁的含量，降低了有毒物质铅的含量，提高稻米的食用安全性；增加了有益物质γ-氨基丁酸（γ-aminobutyric acid，GABA）和α-生育酚的含量，提高了稻米的抗氧化能力（马亮 等，2021）。②垄作稻-鱼-鸡共生和垄作稻-鸡共生模式能够提高水稻穗长和穗鲜重，稳定水稻产量，增加水稻茎秆节间外径和壁厚，提高茎秆抗折能力和抗弯截面模量，降低茎秆最大应力和倒伏指数（梁玉刚 等，2021）。

在生物多样性保护方面。①稻-虾共生模式可显著增加稻田土壤 *nirK* 基因微生物的丰富度指数，稻-蟹共生模式可显著增加蜘蛛个体数量（马晓慧 等，2019）。②在稻田投放初始覆盖面积为70%的多根紫萍和少根紫萍，都能在降低稻田杂草密度和生物量的同时，维持杂草群落的多样性，且多根紫萍覆盖能促进水稻产量增加，对保护稻田生物多样性和减少农田化学农药的施用有积极作用（王丰 等，2021）。③稻-蛙共生模式具有较好的可持续发展能力的能值，可持续发展潜力大（钟颖 等，2021）。

在温室气体减排方面。以稻-鱼共生模式为代表的稻田生态种养由于稻田养殖生物在稻田生态系统中增加生态位、延长食物链的增环作用，通过其持续运动、觅食活动等，可不同程度地影响稻田温室气体的排放量，总体呈现减缓温室效应的趋势（徐祥玉 等，2017；王强盛，2018）。

2）鱼-菜共生模式

鱼-菜共生是当前受国际广泛关注的生态农业技术，它通过将水产养殖与水耕栽培有机结合，可以同时生产两种经济作物（水产品和蔬菜）（图5-2）。同时，鱼-菜共生模式通过蔬菜将养殖水体中残饵、粪便等过剩营养物质（氮、磷等）转化为植物体内的能量，可以净化池塘水质，实现经济效益和生态效益的双赢。为实现水生动物和水培植物的合理搭配及大规模种养，国际上的主流做法是将养殖池和种植区域分离，养殖池和种植区域通过水泵实现水循环和过滤。在栽培部分，主要的技术模式有营养膜管道栽培、深水浮筏栽培或浮筏栽培、基质栽培等（邱楚雯 等，2021）。

图 5-2　鱼-菜共生模式

鱼-菜共生模式在全球范围内得到快速发展。从曼谷的介质床养殖单位的启动到埃塞俄比亚 120 户全面发展的深水养殖单位，鱼-菜共生模式显示出它在任何时间和地点生产可持续食品的真正潜力。迄今为止，采用鱼-菜共生模式已成功栽培了超过 150 种蔬菜、中药材、花卉和小型木本植物（FAO，2021）。

2. 桑基鱼塘

桑基鱼塘历史悠久，是我国劳动人民在长期生产实践中充分利用水陆资源创造出来的一种特殊耕作方式，也是一个完整的、科学的人工生态系统（钟功甫，1980）。桑基鱼塘示意图见图 5-3。

图 5-3　桑基鱼塘示意图

当前，以桑基鱼塘模式为基础，在我国的珠江三角洲地区和长江三角洲地区已逐渐形成并发展出了一系列新的基塘生态农业模式，如蔗基鱼塘、果基鱼塘、花基鱼塘、杂基鱼塘等，这些基塘生态农业模式通过其丰富的塘基类型，促进了桑基鱼塘模式不断完善。

3. 猪-沼-果

猪-沼-果是我国南方生态农业发展中最为典型的技术类型，同时也是沼气建设与庭院经济、生态环境保护相结合的一种循环经济发展模式。它是以农户为基本单元，以沼气为纽带，按照生态学、经济学、系统工程学原理，通过生物能转换技术，将沼气池、猪舍、厕所、果园、微水池有机整合，组成科学、合理、具有现代化特色的农村能源综合利用体系，把畜禽养殖与林果、粮食、蔬菜等种植连接起来，畜禽粪便入池发酵生产沼气和沼肥，沼气做饭点灯，沼肥用于种植，形成农业生态良性循环（王立刚 等，2008）。

在猪-沼-果模式的基础上，我国各地，尤其是南方地区通过增加系统组成成分的形式进一步发展该模式，以提高猪-沼-果模式的经济效益、生态效益和社会效益。例如，广东省梅州市将国家农产品地理标志认证产品"客都草鱼"与猪-沼-果模式相结合，形成了猪-沼-果（草）-鱼-鸭模式（陈新仁，2017）。江苏省宿迁市基于对畜禽粪便的资源化利用目标，形成了猪-沼-果（谷、菜）-鱼模式，不仅发挥了种植业和养殖业的支柱作用，还提高了农业生产效率（顾东祥 等，2015）。

4. 近海生态农业技术

大型海藻、海草是海洋中的初级生产者，在海洋生态系统中发挥着非常重要的作用，它们可以明显减弱海流和波浪的水动力，以及该海域的流场特性（王雁 等，2020）。随着海水养殖污染造成的近海海域富营养化问题日趋严峻，包括江蓠、石莼、浒苔在内的大型海藻作为生物过滤器与鱼、贝、虾、蟹等混养，既可以降低养殖水体的营养负荷，又能提高养殖的经济效益和生态效益（毛玉泽 等，2006）。因此，近年来海洋混养逐渐受到关注，并由此形成了鱼-藻共生、虾-藻共生和贝-藻共生，以及海洋牧场等海洋生态农业模式。

1）鱼-藻共生模式

我国海水鱼类养殖主要采用传统的海水池塘养殖和浅海网箱养殖方式，两者均依赖人工投饵，但在投饵的鱼类养殖过程中，未食饲料、鱼类的粪便和代谢产物可能会导致养殖水域的富营养化和底质的有机污染，降低养殖效益（江志兵 等，2006）。因此，多种大型海藻被用来处理鱼类集约化养殖产生的废水。鱼-藻共生模式实现了大型海藻与海水鱼类在生态功能上的互相补充，鱼和细菌的代谢消耗水体中的溶解氧（dissolved oxygen，DO），降低 pH，释放无机营养盐；利用大型藻类作为生物滤器，可以对鱼、藻集约化综合养殖系统进行调控，养殖水体的 DO、pH、铵根离子及无机磷等水质指标能基本稳定在适合鱼类生长的范围内（毛玉泽 等，2005）。同时，大型海藻改善了养殖环境的同时也能从中受益，投饵及鱼类活动通过系统的物质转化成为海藻的养料，保证了海藻较高的生长率和产量。在我国北方地区沿海水域的温暖季节推广鱼-藻共生模式，可以整体提高养殖地区的经济和环境质量（王雁 等，2020）。

2）虾-藻共生模式

虾-藻共生模式是在对虾池中混养大型热带性或温带性经济海藻，以实现良好的经济效益和生态效益，养殖的海藻主要有海带、紫菜、裙带菜、江蓠、麒麟菜等（董贯仓 等，2007）。在虾-藻共生模式中，虾蟹等排泄物中大量的铵根离子可被江蓠吸收利用，防止水质恶化。同时，江蓠在营养盐充分的条件下能快速生长，两者混养可以形成良好的互利共生关系（王焕明 等，1993）。此外，大叶藻与对虾混养时，混养池的对虾产量、体长和体重均比对虾单养池显著提高（任国忠 等，1991）；在混养状态下，海藻的生长速率也比在海藻单养情况下有很大的提高（王雁 等，2020）。

3）贝-藻共生模式

大型海藻和贝类的综合养殖是生产上应用较多的近海生态养殖模式，贝-藻共生模式是一种简单的二元混养模式。20 世纪 70 年代以来，贝-藻共生模式就开始应用于海水养殖。在贝-藻共生模式中，贝类的主要作用是过滤水中的浮游植物和有机颗粒，形成的大量沉积物给底栖藻类提供营养物质（杨红生和周毅，1998），同时贝类通过排泄给混养的藻类提供二氧化碳和部分氮源；大型海藻则能有效吸收养殖废水中的氮、磷等营养元素，减轻养殖废水对环境的影响。例如，在广东汕头的太平洋牡蛎-龙须菜共生模式中，利用龙须菜与太平洋牡蛎之间的生物互补互利的生态位原理，可以减少病害、降低水系的营养盐含量，减少赤潮等因素的影响，保护了养殖海区的生态环境（马庆涛 等，2011）。

4）海洋牧场

海洋牧场是以增殖养护渔业资源和改善海域生态环境为目的、实现渔业资源可持续利用的渔业模式，是一种综合采用人工鱼礁、海藻床和海草床建设、生物放流增殖、配套设施建设、监测管理等措施的系统性渔业资源增殖方式（刘伟峰 等，2021）。海洋牧场首先营造一个适合海洋生物生长与繁殖的生境，然后进行水生生物放流（养），最后由所吸引来的生物与人工放养的生物一起形成人工渔场，其依靠一整套系统化的渔业设施和管理体制，将各种海洋生物聚集在一起。海洋牧场一般分为渔业增养殖型海洋牧场、生态修复型海洋牧场、休闲观光型海洋牧场、种质保护型海洋牧场及综合型海洋牧场。海洋牧场具有突出的生态价值和经济价值，尤其是在优化海洋生态系统结构、参与海洋碳循环、改善水质环境、赤潮控制等方面（王雁 等，2020）。当前，我国较为突出的海洋牧场案例是大连獐子岛渔业集团海洋牧场和海南三亚蜈支洲岛热带海洋牧场。

5.1.3 种养结合技术的发展趋势

当前，针对种养结合技术存在的能力建设不足等问题，应当加强管理人员、业务人员、技术人员和农民的能力建设，以制定促进生态农业发展的适宜政策；使生态农业的管理人员逐步成为掌握生态农业基本理论、方法，具有管理技能和所涉学科知识的通才；使广大技术人员迅速获得生态农业发展中的最新技术和知识；通过示范、培训和经验交流，促进生态农业知识和技术的传播（李文华 等，2010；李文华，2018）。在秸秆还田技术方面，未来发展还应融入机械学、化学、生物学及农学等多个学科，以达到省时省力、节本增效的目的，同时做好秸秆还田后病虫害加重及重金属超标、抗生素残留等后续防治消除工作。同时，秸秆还田过程中离不开秸秆腐熟剂（如秸秆降解菌等），秸秆降解菌是研究的关键，也是重点，应加快研究和筛选促使秸秆快速腐熟的生物菌剂，以实施"丰收技术、沃土工程"（郭炜 等，2017）。

5.2　绿色生产技术

5.2.1　绿色生产技术的产生背景

水资源，土地资源和农药、化肥是农业投入中基础性的物质资源，这些物质资源的投入不仅关乎农产品的产量安全和质量安全，过量投入还可能造成资源浪费、面源污染等问题。例如，华北平原的地下水漏斗现象是典型的水资源过度利用造成的环境问题。

在农业投入的基础性物质资源中，水资源是限制农业生产的重要因素之一。水资源缺乏是我国，尤其是北方地区最为突出的资源问题之一，所以生产、生活中一直提倡节约用水、节水灌溉等。在现代生态农业发展中，如何建立节水农业以降低农业生产灌溉用水、减少水资源的浪费、提高水资源利用率是现代生态农业发展的重要目标，也是实现节约型农业的重要手段。农业生产中应注重工程措施和非工程措施，采用多种节水灌溉手段，开发多种水源，综合利用水肥资源，提高农业用水产出效益，从而全方位提高生态农业用水效率。其中主要的技术包括高效节水灌溉技术、暗管排水技术、水肥一体化技术和农田多水源高效利用技术等。土地资源是农业的基础，肥力丰富的土壤可为植物型农产品的生长提供各类必需的营养物质。同时，肥沃的土壤还具有一系列良好的物理和化学性质，能够在一定范围内实现自身的修复、调节等。在现代生态农业的发展中，要想提升土地肥力和维持土壤的良好性质，经常会用一系列土壤肥力保持和提升技术，如保护性耕作技术、土壤培肥技术、水土流失预防与管理措施技术，以及生态优化植保技术等。

　　因此，现代生态农业中的绿色生产技术旨在通过技术手段实现水资源，土地资源和农药、化肥的精准化投入，尽可能减少农业生产各个环节的污染状况，实现农业的绿色、可持续发展。

5.2.2　绿色生产技术的现状、成效与问题

　　现代生态农业中的绿色生产技术主要包括水资源高效利用技术，土壤肥力保持与提升技术，农药、化肥减量增效技术，以及废弃物资源化利用技术等。

1. 水资源高效利用技术

1）高效节水灌溉技术

　　高效节水灌溉技术的发展不仅可以有效解决水资源短缺与农业灌溉之间的冲突，还可以在一定程度上降低农业生产成本，是生态农业水资源高效利用技术中的一项重要技术体系，主要包括喷灌、滴灌、微灌等技术。

　　喷灌技术是高效节水灌溉技术中最常见的灌溉方式，主要应用于平坦的土地环境中，特别是对大规模农业生产种植，喷灌技术具有明显的应用优势，能够实现大面积、高效性喷灌，节水效果可以达到30%以上，并且能够适用于各类农作物种植，提高土地利用率（杨晓明，2021）。其不足之处在于如果农田处于山地，则不适合用这种技术。

　　滴灌技术是指根据农作物不同生长时期所呈现的需水规律，将水资源通过管道输送到农作物根部。与喷灌技术相比，滴灌技术的节水效果更为显著。同时，滴灌结合有效的施肥还能提高施肥效果及肥料利用率。滴灌技术能够较为均匀地进行灌溉，减少水分蒸发，实现精确灌溉（沈岳飞和牛希华，2021）。

　　微灌技术是在滴灌技术的基础上发展而来的，灌溉方式有小管涌流灌、微喷灌和渗灌等，主要由输配水管网、灌区、灌水器及水资源组成。相较于其他灌溉技术，该技术的优势是灌水流量较小，灌溉时间较长，灌溉周期非常短，这样农民就可以对灌溉水量进行合理控制，同时还可

以保障水资源直接灌溉到农作物根部。微灌技术与传统的灌溉技术相比，水资源利用率提高了约 30%，同时也在一定程度上提高了肥料的利用率，促进了土壤结构的改善（沈岳飞和牛希华，2021）。

2）暗管排水技术

暗管排水技术是将具有渗水功能的管道埋置于地下适当位置，用于控制地下水位、调节土壤水分、改善土壤理化性状，从而达到促进农业生产和生态保护的一项技术措施（程方武 等，2005）。田间排涝是暗管排水技术的主要用途，也是解决低洼地区涝害的主要手段之一。

暗管排水技术也可以用于排水排盐，根据"盐随水来，盐随水去"的原理，当土壤水分达到田间最大持水量时，土壤水分从管壁渗水微孔渗入暗管中，溶解在水中的盐分随水排出土体，从而降低土壤含盐量，达到治理盐碱地的目的（石佳 等，2017）。暗管在使用过程中也存在淋失土壤养分尤其是氮素的情况，并且容易受土壤质地的限制（邓刚，2010）。在 2000 年以前，暗管排水技术侧重暗管排水（占 80%），其次是排水排盐。2010 年以后，暗管排水的主要作用正在慢慢从以排水防涝为主转向以排水排盐为主（谭攀 等，2021）。

3）水肥一体化技术

水分和养分是作物生长必需的基本要素，也是可进行人为控制的要素。在水分和养分的供给过程中，最关键的是要合理调节水分和养分的平衡供应，最有效的方式是实现水分和养分的同步供给，即在向作物提供充足水分的同时，最大限度地发挥肥料的作用，水肥一体化技术正是可以向生长中的作物同步供给水分和养分的技术。水肥一体化是基于滴灌技术发展而成的节水、节肥、高产、高效的农业工程技术，借助压力系统，将可溶性肥料按作物种类和生长的需肥规律配兑的肥液，随灌溉水通过可控管道系统向植物供水、供肥（王学 等，2013）。

与传统的灌溉和施肥措施相比，水肥一体化技术具有显著的优点。首先，水肥一体化技术可以实现水分和养分在时间上同步和空间上耦合，在一定程度上消除了农业生产中水肥供应不协调和耦合效应差的弊端，大幅提高了水肥的利用效率，在作物增产增效和节水节肥等方面效果显著。其次，水肥一体化技术具有省水、省肥、省时等优势，能够大幅降低农业成本。再次，水肥一体化技术可以降低病虫害发生概率，保证农作物品质和产量。最后，水肥一体化技术可以减少环境污染，改善土壤微环境，提高微量元素使用效率等。因此，水肥一体化技术是现代农业健康科学发展的有力保障（杨林林 等，2015）。经过多年的发展，水肥一体化技术在理论研究、技术水平等方面取得了长足进步，但是，也存在一些问题，如产品质量、技术性能、可靠性等方面还有待进一步提高；灌溉与具体作物的农艺要求配合不够，灌溉与同步施肥结合不足；针对性及智能化产品的研发不足等。

4）农田多水源高效利用

农田的灌溉用水如果长期主要依靠抽取深层地下水，将会导致地下水位下降，甚至形成巨大的地下水漏斗区，导致一系列的环境问题。在实际农业生产中可以利用的灌溉水源是多源的，浅层微咸水资源、雨水资源等均可作为替代性水资源，应当充分挖掘微咸水资源的利用潜力，提高地下淡水与雨水的利用效率，实现以咸补淡、以淡调盐、多水源互补高效利用的局面。一方面，对浅层微咸水的利用，要遵循作物耐盐和需水规律，在作物生长的一定阶段，利用微咸水进行补充灌溉，可获得显著的增产与改善作物产品品质的效果。但是如果微咸水灌溉不当不仅会使作物产量降低，还会对土壤生态环境和土壤结构造成严重破坏。另一方面，在生产实践中，应根据不同作物和作物不同生育期对盐分的敏感程度差异，优化微咸水的供水时间和供水方式，结合田间农艺和工程措施，如深耕、深松、翻土、有机物（作物秸秆等）覆盖、灌水洗盐等，尽可能消减微咸水灌溉的不利影响。农田多水源高效利用的主要途径可以分为以下几个方面。

第一，采用覆盖耕作措施。小麦秸秆覆盖可以降低微咸水灌溉所导致的表层土壤盐分累积和土壤钠吸附比，与此同时还能够改善盐分在土体中的垂直分布，使土壤根系分布密集层保持较低的盐分水平，缓解盐分对作物的危害，具有显著的增产效果。同时，还可以采用耕作起垄措施，人为造成小范围的地形高差，产生地表不均衡蒸发，使低处水、盐向高处移动。

第二，优化灌溉制度和灌溉方式。滴灌利用微咸水可以避免叶面损伤，而且由于滴灌的淋洗作用，盐分向湿润锋附近累积，滴头下面的土壤含盐量比较小，有利于作物生长并且维持一个高的基质势，同时在滴灌条件下土壤水分分布与盐分分布正好相反，有利于作物根系的生长发育和水分、养分的吸收利用；咸淡水的混灌、轮灌技术则既可以实现微咸水资源的充分高效利用，又能较好地控制根层盐分表聚，保持作物根层水盐平衡并保障作物生产安全。

第三，增施有机肥或者生物质炭等土壤改良剂。土壤改良剂在增加土壤腐殖质含量的同时，有利于土壤团粒结构的形成，可以改善盐碱土的透气、透水和养分状况。

第四，加强各项工程措施的应用和推广。首先，实施水利工程措施，如微咸水灌溉后利用淋洗和暗管排水等措施可以保持表层土壤脱盐。其次，采用蓄积雨水耕作技术，如深耕、土壤深松、耙糖和镇压保墒等保护性耕作方式，将传统的精耕细作对土壤过度加工改为少耕或免耕。免耕最大限度地减少了对土壤物理结构的破坏，提高了其保墒性能，降低了土壤水分的蒸发量，增产增收效果明显，土壤深松可打破犁底层，加深耕层疏松土壤厚度，增强对雨水的蓄纳能力，促进作物根系对深层土壤水分的吸收，减少对表层土壤水分的过度依赖。耙糖和镇压保墒技术主要是通过碎土、平地及压紧土壤表层，减少表土层内的大孔隙，减少土壤水分蒸发，达到保墒目的。最后，采用秸秆、残茬或其他植被覆盖地表以减少雨水和风力对土壤的侵蚀，减少蒸发，也可以起到缓解水土流失、改善土壤结构和提高土壤肥力的效果。

利用咸淡水轮灌、混灌、雨水蓄积等技术实现对农业多水源的高效利用，可以减少对地下水源的依赖，提高多水源的利用效率，但是微咸水灌溉不同于常规灌溉，不同土壤、不同作物、不同水质条件需要不同的微咸水安全补灌技术，减少盐分在土壤表层的积聚和促使盐分向下运移，依据作物需水与耐盐规律，通过先进的灌溉手段，减少灌溉用水量、降低输入土壤的盐分；通过抑制土壤蒸发，减少盐分在土壤表层的积聚；通过合适的栽培种植技术，创造淡化的根层环境等，创新微咸水安全补灌下的作物高效用水的水分和养分耦合技术，以及简易有效的微咸水补灌技术，结合当地土壤、气候、水文、地质等自然条件的微咸水补灌制度，微咸水补灌下的土壤盐分调控、作物产量品质调节等关键技术，以适应现代农业的发展要求（刘小京和张喜英，2018）。

2. 土壤肥力保持与提升技术

1）保护性耕作

保护性耕作是相对于传统耕作的一种创新耕作技术，其核心技术是秸秆覆盖和土壤少耕免耕，具有节水保墒、培肥地力、减排固碳等功能和保水、保肥、环境友好等生态作用，符合我国刚性资源约束与脆弱水土资源保护的国情（胡春胜 等，2018）。保护性耕作的关键技术分为秸秆残茬覆盖、免少耕施肥播种、土壤深松；其工艺过程为收获后进行秸秆处理，必要时进行土壤深松或耙地、冬季休闲、春季免耕播种、田间管理及收获；其配套机具主要可分为秸秆还田机械、免耕施肥播种机械、土壤深松机械及植保机械（刘文政 等，2017）。其中，秸秆残茬覆盖是保护性耕作的核心内容之一。秸秆残茬覆盖是指将作物秸秆残茬覆盖在耕地地表，可以起到调节地温、控制土壤侵蚀、增强土壤微生物活动、抑制土壤水分蒸发、提高雨水利用率、改善土壤结构、增强土壤肥力的作用，最终达到提高作物产量的目的。免少耕施肥播种是保护性耕作技术的重要内容，该技术是指在作物秸秆切碎还田覆盖的情况下，使用与 36.8kW 功率拖拉机配套的免耕施肥播种机直接进行播种作业，一次性完成开沟、肥料深施、播种、覆土、镇压等作业工序。土壤深松是指用深松机具疏松土壤，打破坚硬的犁底层，增加土壤耕层深度而又不翻转土壤层，从而增加土壤透气透水性，改善作物根系生长环境的一种耕作方式，作业深度可达 20cm 以上，是保护性耕作的一项重要作业模式。

相对于传统耕作方式，保护性耕作有很多优点：减小劳动强度，节省时间；节省燃料，减少机械磨损；改善土壤结构，增加农田有机质含量；减少农田水分蒸发，提高土壤水分利用率；保持水土，改良水质；增加野生动植物种群数量，促进生态群落良性循环；秸秆覆盖可防治风蚀，相对于传统秸秆焚烧的处理方式，秸秆覆盖可提高空气质量，减少大气污染。保护性耕作也存在一些不容忽视的问题：传统耕作理念根深蒂固；政府扶持力度不足；保护性耕作机具和售后服务不够完善；技术规范性差；缺乏大面积示范基地等。

2）土壤培肥

土壤培肥对土壤肥力的提升具有重要作用。生态农业中常用的土壤培肥技术主要有矿物质培肥、生物培肥、植物培肥、动物培肥等（聂斌和马玉林，2020）。

矿物质培肥主要使用含有氯化钙、钾矿粉、磷矿粉等的天然矿物质肥。这些矿物质都具有较强的吸水固水性能和离子交换性能，施入土壤后能够持续一段时间，吸收农作物周边土壤中的有害物质与重金属离子，有效避免农作物受有害物质的污染，还能在很大程度上提高农作物自身的免疫力，减缓土壤中的水分蒸发。

生物培肥是利用生物降解或天然存在的生物进行施肥的一种方式。生物培肥能有效改善农作物的生长环境，还能在一定程度上提升农作物抗病虫害的能力，使农作物稳定生长，进而实现增产增收的目标。常见的生物培肥方式主要有菌肥培肥和蚯蚓培肥。

植物培肥主要是指在土壤中种植绿肥作物，再将其施入土壤中以实现土壤培肥的目的。常用的绿肥作物是豆科作物，如紫云英、苜蓿、草木樨、田菁、蚕豆、苕子和紫穗槐等，还有一些自然环境中蕴含腐殖酸的木炭、树皮等。

动物培肥可以与植物培肥结合使用，主要是将动物的粪便作为肥料施入土壤中，可以起到快速增加土壤肥力的作用，同时还可以解决植物培肥容易出现的短期培肥能力差的问题。

矿物质培肥主要使用天然矿物质，造价较高，难以大面积推广实施（贺秀祥，2020），动物培肥肥料来源逐渐减少，其所占比例和施用量逐渐下降。此外，不同区域土壤性质不同，培肥时需要对不同区域的土壤性质进行细致的研究和监测。因此，要结合具体情况因地制宜地选择不同的培肥方式，以提升不同区域的土壤肥力。

3）水土流失预防与管理

我国水土流失的严重程度一直居于世界前列，大面积的水土流失给我国造成了巨大的经济损失。一旦发生比较严重的水土流失，有可能改变土壤的组成成分，使土壤的存水能力和肥力大幅下降，造成土壤硬石化、沙化、养分流失，可利用耕地面积大幅减少，不利于作物生长，导致农民收入欠佳，影响农业经济发展。此外，在水土流失过程中，由于大量泥沙的出现，河道淤积现象也会变得更加严重，随着河床的不断升高，最终导致洪涝灾害的发生，威胁靠近河岸地区生活的人们的人身安全。流失土壤中的农药和肥料也会污染水质，导致人们的用水安全无法得到保障。

以治理水土流失为中心的生态农业，就是以小流域为治理单元，合理布设水土保持各项生物与工程措施，依据系统工程方法，安排农林牧副渔业用地，使各项措施互相协调、互相促进，形成综合防治技术体系。在治理水土流失的同时，使水土资源获得充分、高效的利用，农业生产得到发展。这种生态经济工程是涉及自然生态、社会经济、科学技术等诸多方面内容的复合系统工程，其目标是利用较少的投入获取较大的生态效益和经济效益，以环境建设为突破口，实现资源永续利用、经济持续发展和保护生态环境的总体目标。

以水土流失最为典型的黄土高原地区为例，通过水土流失治理技术、植物措施和工程措施减少径流产生，有效防治了流域内水土资源的流失。典型小流域的水土流失治理技术可分坡面治理技术和沟道治理技术。其中，坡面治理技术可分为生态修复和坡耕地治理。生态修复是指采取以退耕还林、封山育林和荒山造林等为主的系列措施恢复地表植被，从而预防和减轻水土流失；坡耕地治理主要是通过对坡耕地的地形改造、蓄排配套工程和水土保持耕作，形成不同坡度和地形主导下的独特生态景观格局，并通过修建截排水沟、水窖、蓄水池等小型水利措施，有计划地截排坡面径流，从而提高土地生产力，预防和改善水土流失状况。沟道治理技术包括浅沟治理、切沟治理和冲沟治理。浅沟治理多采用沟头防护和修沟边埂，沟道修建柳谷坊或土谷坊；切沟治理一般是指在沟内栽植植物谷坊、削坡筑堤造林和修建拦沟式闸堤的综合治理方法；冲沟治理是从沟的上部到下部、从沟头到沟口、从沟坡到沟底建成完整的防护体系，通过营造沟坡防护林、沟底防护林，以及修建淤地坝、石谷坊等进行综合治理（袁和第，2020）。常用的植物措施有：栽植分水岭防护林，减缓严重风力侵蚀和水力侵蚀；营造水土保持林，并在不同坡度的坡面上搭配不同的植被和工程措施，形成农林间作的模式；在缓坡立地条件较好的区域种植经济林，减少水土流失，保障经济生产；在沟坡、沟岸和沟底建造沟道防护林，防止沟岸扩张，固土护坡；特殊区域则采取封禁的方式，依靠自然演替恢复力使退化的生态系统得以恢复。工程措施主要以坡面上的整地措施为主，包括梯田、水平阶、水平沟（卫伟 等，2013）。常用的工程措施有间作、等高耕作、深耕、作物品种改良、草条与作物条套种、草条与灌木条套种、增施有机肥、合理密植、果树滴灌、轮作休耕、地膜覆盖、留茬覆盖等。

3. 农药、化肥减量增效技术

1）生态植保技术

在农业发展过程中，农药的出现对农作物病虫害的控制起到了理想效果，对早期农业生产起到了巨大的保障作用，但是也带来了一些显著的问题，其中最典型的是生态环境问题和病虫抗药性问题。在生态文明建设背景下，为了解决上述问题，生态植保技术应运而生并快速发展，逐渐演变为生态农业发展的重要技术，直接推动着农业的发展。

植保是植物保护的简称，生态植保是一个综合性的农作物保护技术体系，其本质是调节生物和生物、生物和环境之间的关系，包括生态系统论、食物链、生态平衡、生物量等技术和理论。经过多年发展，目前生态植保已经发展出预测预报技术、物理防控技术、生物防控技术、病虫害源头治理技术、农药减量增效技术、生态调控技术等（王少平和王玉珏，2021）。

生态植保技术的应用具有诸多意义。第一，生态植保技术要求植保人员对种植技术进行系统地学习，从种植与养护的基础层面提高农产品的质量，促进我国绿色农业生产发展。第二，生态植保技术将物理防治、生物防治、化学防治相结合，进行病虫害防治，可以减少化肥与农药的用量，保障食品安全。第三，生态植保技术的应用可以减少农药、化肥施用对生态环境的破坏，直接加强了对生态环境的保护，有效减少环境污染。目前，我国的生态农业对生态植保技术的推广应用还存在一些问题。首先，生态植保是一个综合性的农作物保护技术体系，复杂程度很高，需要一定文化素质水平的支撑，很多新技术在推广时需要技术人员反复指导。其次，生态植保技术本身见效不够快，它需要农民从规划种植起就要进行相关的预防操作，并且要掌握农作物的生长周期规律，从时间成本上来讲，很难超越快速见效的化学农药，致使不少农民比较抗拒。最后，大部分乡村，包括农技站在内，人才储备不足，导致无法将生态植保技术进行全面推广。未来，针对这些问题，还需要制定一些新的技术推广方案，通过快速有效的推广让农户见到实效，才能逐步实现生态植保。

2）化肥减量增效技术

当前，化肥减量增效技术主要包括测土配方优化施肥、机插侧深施肥、有机肥替代部分化肥和无水层追肥等。其中，测土配方优化施肥以土壤测试和肥料田间试验为基础，根据作物需肥规律、土壤供肥性能和肥料效应，在合理施用有机肥的基础上，提出氮、磷、钾肥及中、微量元素等肥料的施用数量、施肥时期和施用方法。机插侧深施肥技术一般是指在水稻插秧机上配备施肥装置，在进行水稻插秧的同时将肥料送入土壤并进行覆盖的技术，可以有效提高肥料的利用率，减少肥料的浪费，节省施工成本，同时减轻对河川、湖沼水质造成的污染。有机肥主要是指来源于植物和（或）动物、施于土壤以提供植物生长所需营养能的含碳物料。有机肥一般由生物物质、动植物废弃物、植物残体加工而成，消除了其中的有毒有害物质，且富含大量有益物质，包括多种有机酸、肽类，以及包括氮、磷、钾在内的丰富的营养元素。无水层追肥是指大田追肥时田间无水，施后慢慢灌水，以水带肥将肥料带入土中，这种施肥方法的优点是可以减少肥料的流失，提高肥料的利用率。

化肥减量增效技术不仅能为农作物提供全面的营养，而且肥效长，可以增加和更新土壤有机质，促进微生物繁殖，改善土壤的理化性质和生物活性，是绿色食品生产的主要养分。

4. 废弃物资源化利用技术

农业废弃物是农业生产和再生产环节中资源投入与产出在物质和能量上的差额，是资源利用过程中产生的物质和能量流失份额。我国每年产生的农业废弃物达几十亿吨，由于农业废弃物成分复杂，二次开发成本高、难度大，同时缺乏政策的引导和资金的投入，导致农业废弃物污染事件层出不穷。这些废弃物的无害化处理和循环利用是实现农村生态文明和农业生态化发展需要解决的实际问题。常见的废弃物资源化利用技术包括秸秆还田、尾菜饲料化、废弃物降解施放生防菌、反应器堆肥等。

1）秸秆还田

农作物秸秆是一种可再生资源，一般指植物（如谷物、棉花、芝麻等）产出果实后剩余的部分，含有丰富的碳、氮及矿物质等营养成分。作为农业大国，我国是农作物秸秆资源最为丰富的国家之一。据统计，2015 年全国作物秸秆理论资源量为 10.4 亿 t，可收集资源量约 9 亿 t，利用量约 7.2 亿 t，秸秆综合利用比达到 80.1%，其中肥料占 43.2%、饲料占 18.8%、燃料占 11.4%、原料占 2.7%、基料占 4.0%（陈玉华 等，2018）。一般情况下，不宜直接作饲料的秸秆（玉米秸秆、小麦秸秆等）可通过还田的方式直接或堆积腐熟后施入土壤。通过秸秆还田将农作物生长所需的氮、磷、钾等元素归还土壤，可补充和平衡土壤养分。

秸秆还田主要包括直接还田和间接还田两种方式。秸秆直接还田技术可分为翻压还田和覆盖还田。不同的还田方式对微生物活性的影响存在差异，从而对作物秸秆腐解速率、土壤养分积累和秸秆有机物质释放的效果也有所不同（肖体琼 等，2010）。翻压还田是在作物收获后，将作物秸秆在下茬作物播种或移栽前翻入土中。覆盖还田是将作物秸秆或残茬直接铺盖于土壤表面。随着时间的延长，秸秆逐渐腐解于土壤中，腐解后的秸秆能增加土壤有机质的含量。

秸秆间接还田技术主要包括快速腐熟还田、堆沤还田、过腹还田等，秸秆间接还田具有培肥、蓄水、调温，以及减少环境污染等作用。快速腐熟还田是指利用相关技术进行菌种的培养和生产，经过机械翻抛、高温堆腐和生物发酵等过程，将作物秸秆转化为优质有机肥。该技术具有自动化程度高、加工周期短、产量肥效高，以及好氧发酵对环境无污染等优点。堆沤还田也称高温堆肥，是利用夏季高温堆积作物秸秆，根据厌氧发酵原理，将其制成堆肥沤肥，待腐熟后再施入土壤。秸秆堆沤时释放养分，降解有害的有机酸，可有效杀灭杂草种子、寄生虫卵等，但是该方式也存在氮素易流失、费时费工、受环境影响较大等问题。过腹还田是指将秸秆作为动物饲料，利用动物将秸秆消化并形成粪便排出还于田中，其有机质含量较高，各种养分充足。秸秆过腹还田对发展畜牧业、促进农作物生长、形成秸秆—饲料—牲畜—肥料—粮食的良性循环和培肥土壤都具有良好作用（杨滨娟，2012）。经多方共同努力，近年秸秆还田已经取得不错的成绩，但多数的还田还是机械化的直接还田，在还田的理论和设计、相关配套的机械及微生物技术参与等方面仍然存在一些不足。

2）尾菜饲料化

我国蔬菜种植面积占世界蔬菜种植面积的 43%，而产量达到了世界蔬菜产量的 49%，是名副其实的蔬菜生产大国。蔬菜采收后要经过修整、分级、预冷、包装等商品化处理环节。商品化处理过程会产生根、茎、叶等的腐败物质，统称为尾菜，其重量约占蔬菜重量的 30% 以上。如果将其运往垃圾场填埋，不仅费力耗资，而且还会造成资源浪费和环境污染。应运而生的尾菜饲料化可以很好地解决该问题。尾菜饲料化技术是指通过生物技术或物理技术将尾菜转变为饲料，用于替代全部或部分饲料（戚如鑫 等，2018）。尾菜饲料化的过程要求高效、经济，其关键是降低尾菜的含水量和延长贮藏期。压滤是尾菜饲料化最常用的方法之一，它去除水分简单、经济，尾菜经压滤后含水量可降至 30%～60%，加入吸水剂、黏合剂等辅料，通过造粒、制块，制成可供畜禽自由采食的粗饲料，不仅加工简单、耐储、方便运输，而且可依据商品化处理量配备相应设备，实现环境保护和资源化再利用。目前饲料制作所用吸水和黏合物料主要为膨润土、次粉、玉米蛋白粉、稻壳粉等（杨富民 等，2014）。

尾菜资源相对廉价且丰富，将其饲料化不仅可以提高尾菜的利用率，还可以为畜禽开发非常规饲料资源，将其应用于畜禽养殖中，能够起到节省饲料、提高饲料营养价值、改善饲料适口性、提升动物生产能力和品质、降低动物饲养成本等作用，还可以在一定程度上缓解人畜争粮的问题，并提高蔬菜种植的经济效益。因此，尾菜饲料化有较好的发展前景，但其饲料化处理技术和畜禽饲养的应用技术还有待进一步研究推进。

3）废弃物降解施放生防菌应用

连作是农业生产最常见的生产方式之一，但是连作障碍已经成为制约农业生产可持续发展的重要因素，其中土传病害是造成连作障碍的重要因素之一（段春梅 等，2010）。利用生防微生物对土传病害进行控制是一种安全有效的方法。但是，由于土壤抑菌作用等原因，将生防菌直接施到土壤中并不能让生防菌发挥应有的防病效果。

利用秸秆等废弃物降解施放生防菌技术，对传统生防菌使用方法进行改良，可以取得较为显著的效果。其中，秸秆反应堆技术是常见的方法之一，秸秆降解能补充土壤有机质，提高土壤酶活性，促进土壤微生物生长及活性。以秸秆为载体，将有益生防菌施到土壤中，不但能够为作物提供生长所必需的二氧化碳、提高地温、改良土壤，还能够有效防止和抑制土传病害发生，可显著提高作物产量和质量（张婷 等，2013）。废弃物降解施放生防菌技术对土传病害等连作障碍的改良效果较好，外源有机物进入土壤为生防菌等微生物提供碳源，可以有效增加土壤微生物数量，同时提高土壤有机质含量和营养元素含量，改善设施土壤局部生态环境。但是，目前相关研究还处在起步阶段，其对土壤其他理化性状的影响仍不清楚，需要进一步研究。

4）反应器堆肥

堆肥可将粪便及其他有机废弃物转化为稳定的有机肥料和土壤改良剂，从而实现畜牧系统与农田系统之间的循环，并降低集约化养殖过程中因粪便管理不当造成的环境污染风险。与传统堆肥方式相比，反应器堆肥作为一项先进的堆肥技术，可以提高堆肥质量，改进传统堆肥处理效率低、恶臭气味散发和占地面积大等不足，逐渐得到人们认可。堆肥反应器主要由反应器机架、仓体、上料系统、搅拌曝气系统、传动系统和臭气集中处理系统等组成。原料通过上料系统进入反应器仓体内，设备对其定期搅拌、曝气，经过一段时间的发酵后，腐熟的物料从下方的出料口卸出，实现粪便及其他有机废弃物的无害化处理和资源化利用。堆肥过程中产生的臭气则通过顶部引风管道进入除臭滤池，除去其中的异味化合物后，排放到空气中。曝气管道集成在搅拌轴内，可以及时准确地为仓体内物料供氧，提高好氧发酵效率（闫飞等，2016）。

反应器堆肥方式的自动化程度高，占地小，节省人工和土地，可实现粪便等有机废弃物的就近、及时、无害化处理，使堆肥区达到环保要求，有利于改善养殖业的生产环境，同时为种植业提供优质、低成本的有机肥料。与已有的堆肥工艺及设备相比，该技术模式及设备具有可户外布置、占地面积小、处理时间短、效率高、无臭味、环境负面影响小、经济效益好等优点，代表着堆肥工艺未来发展趋势，具有广阔的需求市场和良好的应用前景。

5.2.3 绿色生产技术的发展趋势

绿色生产技术不仅要求继承和发扬传统农业技术的精华、吸收现代科学技术，而且还要求对整个农业技术体系进行生态优化和技术集成，并注重现有技术的推广。首先，应重视对传统农业模式的挖掘，如对具有活态性特点的农业文化遗产的研究，能够为生态农业发展提供新的思路。其次，要重视总结和推广业已取得成效的多种多样的生态农业技术，如水资源高效利用技术、土壤肥力保持与提升技术、废弃物资源化利用技术等。最后，要重视高新技术在生态农业发展中的应用，利用互联网技术与农业生产、加工、销售等产业链环节相结合，实现农业发展科技化、智能化、信息化等。

绿色生产技术的发展趋势包含以下两个方面。

在水资源高效利用技术方面，2010 年以后暗管排水的主要作用正在慢慢从以排水防涝为主转向排水排盐（谭攀 等，2021）。首先，这一时期与暗管排水排盐相配套的技术不断研发应用，反过来推进了这一技术的发展。例如，在干旱半干旱地区采用膜下滴灌与暗管排水相结合进行盐碱地改良，可以节约灌溉水，水向下流入暗管的同时带动了盐分向下运动，持续性地排出盐分。其次，催生了不少暗管应用相关的新技术领域，如暗管生态修复技术。暗管生态修复技术通常是指在土壤受到有机或无机污染的地域，采用溶解剂将污染物溶解，通过暗管排出土体，从而达到修复土壤的效果。最后，近年来国内出现了成熟的激光辅助开沟、铺管、回填一体机等暗管铺设辅助设备，大幅提高了暗管的铺设效率和质量。随着强度高、轻便、柔性好的暗管材料和成本低、易运输、轻便高效的外包滤料的发展，以及智能化无沟暗管铺设设备的研发，未来暗管排水技术将会在更广阔的领域得到应用和推广。

在水肥一体化方面，在引进、消化吸收的基础上，未来应当加强关键共性零部件和设备的开发试验；加强与具体作物、土壤、肥料方面的技术人员的协调与配合，提升水肥一体化的适用性和经济价值；针对提升空间较大的丘陵山区开展水肥一体化灌溉综合配套技术与装备的研发；针对井灌、渠灌、丘陵山区、设施温室等不同应用环境，摸索技术参数，形成适合特定区域主要作物的水肥一体化技术模式（易文裕 等，2017）。

第6章
现代生态农业的价值特征

6.1　现代生态农业的经济价值

6.1.1　生态农业经济价值评估

1. 评估指标

生态农业的经济价值主要是指该系统的产品价值，包括直接产品价值和间接产品价值。直接产品价值是可以进入市场的各种农林牧副渔产品获得的经济效益。比较典型的生态农业系统有浙江绍兴会稽山古香榧系统、浙江瑞安滨海塘河台田系统和浙江青田稻鱼共生系统。其中浙江绍兴会稽山古香榧系统的直接产品包括香榧种仁、香榧籽油和香榧木材等，年总价值为 36.86 万元/hm²（王斌 等，2013）；浙江瑞安滨海塘河台田系统的直接产品包括花椰菜、紫甘蓝、西瓜等果蔬，年总价值为 52.5 万元/hm²（苏伯儒 等，2023）；浙江青田稻鱼共生系统的直接产品除了水稻外，还有当地土著鱼种田鱼，年总价值为 1.6 万元/hm²。

间接产品价值是依托生态农业系统发展的旅游和文化产业的价值（何思源 等，2020），间接产品价值往往高于直接产品价值。例如，浙江瑞安滨海塘河台田系统中间接产品年总价值为 172.41 亿元，高于其直接产品价值。传统的现代农业系统往往以生产为主要功能，其间接产品价值通常低于生态农业系统。

2. 评估方法

1）直接产品价值

生态农业系统生产的农产品及其副产品可以直接进入市场。因此可采用市场价值法计算，公式如下：

$$V_d = \frac{\sum Q_i \times P_i \times A_i}{A_t}$$

（6-1）

式中，V_d 为生态农业系统的直接产品价值（元/hm^2）；Q_i 为农产品及其副产品的产量（t/hm^2）；P_i 为农产品及其副产品的市场价格（元/t）；A_i 为农产品及其副产品的种植面积（hm^2）；A_t 为生态农业系统总面积（hm^2）。

2）间接产品价值

生态农业系统的间接产品价值主要为休闲游憩价值、历史文化价值等难以用市场价格衡量的非使用价值，可以认为这些价值均体现在当地的旅游业收入上。因此可采用旅行费用支出法计算休闲游憩价值，公式如下：

$$V_i = V_t/A_t$$

（6-2）

式中，V_i 为生态农业系统间接产品价值（元/hm^2）；V_t 为当地旅游业一年总收入（元）。

3）生态农业经济价值

$$V_e = V_d + V_i$$

（6-3）

式中，V_e 为生态农业系统的经济价值（元/hm^2）。

6.1.2　生态农业与现代农业经济价值比较

1. 净收益

净收益是指总收入扣除成本后所得的收入余额。青田稻田生态系统净收益为 10 937 元/hm^2，青田稻鱼共生系统净收益为 13 121 元/hm^2

（表 6-1），虽然青田稻鱼共生系统水稻间株距较大，水稻产量低于青田稻田生态系统，但其净收益比青田稻田生态系统高约 19.97%。

表 6-1　2006 年青田稻田生态系统与青田稻鱼共生系统财务收支表

生产模式	收入/（元/hm²）			支出/（元/hm²）					净收益/（元/hm²）	投入产出比	投资利润率/%
	水稻	田鱼	总计	种子	鱼苗	化肥、农药	饲料	总计			
稻田生态系统	12 760	—	12 760	210	—	1 613	—	1 823	10 937	1∶7	599.9
稻鱼共生系统	10 198	6 199	16 397	197	1 950	570	559	3 276	13 121	1∶5	400.5

资料来源：刘某承 等，2010。

注：投入产出比为收入∶支出；投资利润率＝（净收益/总支出）×100%。

与青田稻田生态系统的经济价值只包括粮食产品相比，青田稻鱼共生系统的经济价值不仅包括粮食产品，还可获得鱼类产品。但后者支出也随之增高，青田稻田生态系统只须支付水稻种子和化肥、农药费用，青田稻鱼共生系统还须支付鱼苗和饲料费用；然而青田稻鱼共生系统中的田鱼可以摄食杂草，减少了杂草与水稻争肥、争光，同时田鱼排出的大量含有丰富氮、磷的粪便又可作为水稻的肥料。因此，在化肥、农药上的支出远低于青田稻田生态系统，田鱼带来的额外收入，以及化肥、农药支出的减少使青田稻鱼共生系统的净收益高于青田稻田生态系统。

2. 投入产出比与投资利润率

投入产出比是指项目全部投资与运行寿命期内产出的工业增加值总和之比；投资利润率是指项目的年息税前利润与总投资的比率。青田稻鱼共生系统投入产出比为 1∶5，投资利润率高达 400.5%，均低于青田稻田生态系统（表 6-1）。这说明青田稻鱼共生系统经济投入比青田稻田生态系统多，投资回报率更低，属于"高投入、低回报"的盈利模式。在一个生产年度内，不利于激励农户进行该方面的经济活动，但农户如果将净收益作为资本进行投入再生产，那么在较长时间内，两种农业生产系统的投入产出比发生何种变化还需要进一步研究。

6.1.3　生态农业经济价值影响因素

1. 农产品产量与质量提高

生态农业系统在生态关系调整、系统结构功能整合等方面的微妙设计，利于其农产品产量与质量的提高，针对一些小规模生产的调查或试验证明，生态农业系统的粮食产量可以高于现代农业系统。例如，2010～2019 年浙江瑞安滨海塘河台田系统（生态农业系统）年均蔬菜产量为 26.25t/hm²，瑞安大田（现代农业系统）年均蔬菜产量为25.56t/hm²，台田系统的年均经济价值（5.3 万元/hm²）高出大田（5.1万元/hm²）约 3.9%（苏伯儒 等，2023）。

部分生态农业系统中独特的耕作方式和水、肥、热条件可以提升农产品的内在质量，以获取更高的经济价值。例如，2014 年江西崇义客家梯田生态系统的水稻平均产量为 6470kg/hm²，低于贵州从江农田生态系统的水稻平均产量（13 483kg/hm²），然而其经济价值（36 689 元/hm²）高于贵州从江农田生态系统的经济价值（24 548 元/hm²）。这在一定程度上说明江西崇义客家梯田生态系统的传统耕作方式有助于改善农产品质量（缪建群 等，2017）。

2. 化肥、农药等开支减少

部分生态农业系统中的非农业生境为害虫的天敌提供了生境与迁徙通道（Bianchi et al.，2006），抑制了系统中害虫的繁殖；同时一些农户常采用石灰水浸种、田内点灯等传统方法防治病虫害以减少农药与杀菌剂等的开支。

生态农业系统中物种间对能量的多级利用可帮助系统持留养分，减少化肥的开支。例如，Xie 等（2011）野外调查结果显示，稻鱼共生系统和稻田生态系统相比，前者减少了氮肥的施用。浙江青田稻鱼共生系统每年的化肥、农药开支比稻田生态系统能节省 1043 元/hm²（表 6-1）。

3. 生态农业品牌对经济价值的提升

当生态农业系统被明确的组织和机构确定为重要农业文化遗产后，

其品牌的知名度、美誉度及普及度将会吸引消费者为其支付更高的费用。因此，生态农业品牌会提高生态农业系统的直接产品价值（农产品）和间接产品价值（旅游），其增值价值一般采用品牌增值系数测算，公式如下：

$$V_p = S_p \times V_e \tag{6-4}$$

式中，V_p 为生态农业品牌的增值价值（元/hm²）；S_p 为品牌增值系数；V_e 为生态农业系统的经济价值（元/hm²）。

李禾尧等（2020）研究表明，江苏兴化垛田传统农业系统经济价值为 27.94 亿元。对国内 5 个全球重要农业文化遗产具有遗产标识的代表性产品与周边同质产品的价格进行比较分析（田志宏，2017），得到平均品牌增值系数为 5。因此江苏兴化垛田传统农业系统中品牌的增值价值为 139.7 亿元，为经济价值的 5 倍。

6.2　现代生态农业的生态价值

6.2.1　生态价值

1. 生态价值的概念与内涵

现代农业生产以农产品的质量提升与产量增加为主要目标，然而随着时代发展，人们越来越重视可持续发展，农业生产带来的资源消耗、环境污染和生态破坏不容忽视，对于生态农业这种循环、绿色、低碳、高效的农业生产系统，单纯以经济指标衡量其价值已不再合适，因此需要将生态价值纳入其价值体系。

1970 年，关键环境问题研究组（Study of Critical Environmental Problems，SCEP）在《人类对全球环境的影响》报告中首次使用"环境服务"（environmental service）一词，提出了生态系统能为人们提供服务的观点。随后 Daily（1997）对这一概念进行了更加系统性的介绍。Costanza 等（1997）在 *Nature* 杂志上发表了有关全球生态系统服务价值估算的结果后，国际上掀起了研究生态系统服务的热潮。为推动全球生

态系统的保护和可持续利用，2005 年联合国开展了千年生态系统评估
（millennium ecosystem assessment，MEA），将生态系统服务定义为人类
直接或间接地从生态系统中获得的惠益（MEA，2005）。

目前，国内外大多数学者将生态系统服务价值中的调节服务价值
与支持服务价值等同于生态价值。在耕地资源价值评估体系中，李明
秋和赵伟霞（2010）将耕地具有的生态价值等同于生态系统服务价值
中的调节服务价值与支持服务价值；在农业文化遗产价值评估体系中，
何思源等（2020）将生态价值定义为生态系统服务价值和维护生物多样
性的价值；在农业自然资源价值评估体系中，王积田和张芳（2005）将
农业自然资源的生态价值概括为改善大气质量、保持水土、净化环境等
生态系统服务价值。

生态农业能为人们提供调节大气、保持水土、维护生物多样性等多
种生态系统功能，这些生态系统功能与人类社会的发展和生活息息相
关，生态农业为人们提供了多种生态系统服务。因此，可将调节服务价
值与支持服务价值视为生态农业的生态价值。

2. 生态价值的分类

许多中外学者对生态系统服务功能的分类开展了一系列的研究，比
较著名的为戴利（Daily）和科斯坦萨（Costanza）等提出的生态系统服
务功能分类（表 6-2）（何思源 等，2020）。欧阳志云等（1999）将生
态系统服务功能分为两类：第一类是提供生态系统产品；第二类是支撑
与维持人类赖以生存的环境，如太阳能固定、调节气候和保持水土等。
孙刚等（2000）将生态系统服务功能分为生物生产、调节物质循环和
土壤形成与保持等。MEA（2005）提出的生态系统服务功能分类体系
应用最为广泛，该分类体系将生态系统服务分为供给服务、调节服务、
文化服务和支持服务（表 6-3）。其中，调节服务包括调节气候、调节
洪水等二级指标，支持服务包括土壤形成、养分循环等二级指标。

表 6-2　戴利和科斯坦萨等提出的生态系统服务功能分类

戴利分类			科斯坦萨分类	
1 级分类	2 级分类	3 级分类	生态系统服务	生态系统功能
产品生产	食物	—	大气调节	大气化学成分调节
	药物	—	气候调节	全球或区域尺度温度、降水和其他生物介导
	耐用材料	—	干扰调节	生态系统应对环境波动的容量、抗阻与完整性
	能源	—	水文调节	水文流量调节
	工业产品	—	水资源供给	水资源的储存与保持
	遗传资源	—	控制水土流失与拦蓄泥沙	生态系统中土壤的保持
再生过程	循环与过滤过程	垃圾分解与解毒作用	土壤形成	成土过程
		土壤肥力产生与更新	营养循环	营养素储存、循环、加工
		水质与空气的净化	废物处理	营养素的回收、去除或分解
	运转过程	种子散播与植被恢复	传粉	花粉的运动
		谷物与自然植被传粉	生物控制	种群营养的动态规律
稳定过程	海岸与河道的稳定性	—	避难所	为常驻与流动种群提供栖息地
	不同条件下物种补偿	—	食物生产	食物的初级生产总值
	对大多数潜在的农业害虫的控制	—	原材料	原材料的初级生产总值
	对极端天气的调节	—	遗传资源	独特生物材料与产品来源
	对局域气候的稳定	—	游憩	为游憩活动提供机遇
	对水文循环的调节	—	文化	为非商业用途提供机遇

续表

戴利分类			科斯坦萨分类	
1 级分类	2 级分类	3 级分类	生态系统服务	生态系统功能
生命充盈功能	审美	—	—	—
	对文化、智慧与精神的启发	—	—	—
	存在价值	—	—	—
	科学探索	—	—	—

资料来源：何思源 等，2020。

表 6-3 MEA 提出的生态系统服务功能分类

生态系统服务	服务类型
供给服务	食物
	淡水
	木材和纤维
	燃料
调节服务	调节气候
	调节洪水
	调节疾病
	净化水质
文化服务	精神
	美学
	教育
	文化遗产
支持服务	土壤形成
	养分循环
	初级生产力

资料来源：MEA，2005。

6.2.2 生态农业的生态价值评估

生态农业的生态价值评估指标与方法等同于生态系统服务的评估指标与评估方法。

1. 评估指标

综合目前主流的几种生态系统服务分类方法，结合生态农业系统的功能特征，将生态价值评估指标划分为气候调节、调洪蓄水、净化水质、净化空气、土壤保持、养分持留、传粉、水分涵养和病虫草害防治等。

2. 评估方法

各生态价值指标的评估方法分为基于单位服务功能量的功能价值法和基于单位面积价值当量因子的当量因子法。

1）功能价值法

功能价值法是基于生态系统服务功能量的多少和功能量的单位价格得到总价值的评估方法。在物质量评价上主要通过实地试验获得物质量数据，或者通过综合模型计算得出物质量数据；在价值量评价上根据生态系统服务是否存在可交易的市场价格，划分为三大类评估方法：直接市场法、替代市场法和模拟市场法，每大类方法又存在若干具体方法（表6-4）。直接市场法针对存在实际市场的生态系统产品和服务，以直接市场价格评估其价值；替代市场法是通过某些生态系统服务替代品的交易价格，间接评估其价值；模拟市场法针对不存在实际市场、也不存在替代品的生态系统服务，可通过构建虚拟市场，根据大众的支付意愿或补偿意愿来评估其价值。

表6-4　基于单位服务功能量的评估方法

评估方法类型	具体评估方法	举例	不足
直接市场法	费用支出法	旅游支出费用=休闲游憩价值	—
	市场价值法	生态系统提供的食物、材料等的市场价格=供给服务价值	存在价格偏差与应用局限
	净价法	—	—

续表

评估方法类型	具体评估方法	举例	不足
替代市场法	旅行费用法	与旅游相关的直接费用+消费者剩余=相应生态服务的价值	受人的主观性影响较大
	享乐价格法	公园绿地附近房屋价格的增长=公园绿地提供的生态服务的价值	没有估算环境的非使用价值，低估了总体的环境价值
	替代成本法	水库投资费用=水源涵养价值	—
	机会成本法	土地开发的边际成本=湿地促淤造陆价值	使用的是某种稀缺资源的最大收益衡量，评价不够准确
	防护费用法	生态修复和鼓励农户保护性耕作的政府投入=农田保护生物多样性的价值	实际使用时因人们的多种动机导致防护费用过高或过低
	影子工程法	盐碱地改良费用=条台田改善土壤盐碱化的价值	替代工程只是对原环境的近似替代，使评价存在误差
	人力资本法	环境污染导致人们寿命减少损失的工资=净化环境的价值	—
模拟市场法	条件价值法	居民对保护当地文化遗产、历史文物的支付意愿=遗产功能价值、文化功能价值	受人的主观性影响较大

利用功能价值法计算生态价值指标的评估方法如下。

（1）气候调节。生态农业系统气候调节能力通过水面蒸发吸收热量计算。气候调节价值计算公式如下：

$$Q_h = \lambda \times A_r \times \text{EW} \times \delta \tag{6-5}$$

$$V_h = 3 \times p \times Q_h \tag{6-6}$$

式中，Q_h 为水面蒸发吸收的热量（kJ）；λ 为水面率（%）；A_r 为生态农业系统面积（m^2）；EW 为水域生态系统全年水面蒸发量（mm）；δ 为水汽化热（kJ/kg）；V_h 为气候调节价值（元/a）；3 为空调能效比；p 为电费单价[元/（kW·h）]。

（2）调洪蓄水。生态农业系统的调洪蓄水能力主要表现在排水补充地表水资源、田间渗漏补充地下水资源、暴雨来临时蓄积水资源避免洪水。例如，浙江青田稻鱼共生系统田埂高度为 0.3m，在暴雨时期相当于一个调洪蓄水的水库，其蓄水量为 3000m³/hm²。调洪蓄水价值采用影子工程法计算，公式如下：

$$Q_{wr} = H_r \times A_r \qquad (6\text{-}7)$$

$$V_{wr} = Q_{wr} \times C_{wr} \qquad (6\text{-}8)$$

式中，Q_{wr} 为稻田生态系统蓄水量（m³）；H_r 为田埂高度（m）；A_r 为生态农业系统面积（m²）；V_{wr} 为调洪蓄水价值（元/a）；C_{wr} 为影子水库造价（元/m³）。

（3）净化水质。部分生态农业系统具有净化水质的功能。在浙江瑞安滨海塘河台田系统中，水道里的水生植物（如芦苇等）可以截留氮、磷等营养物质（高楠楠 等，2013；Health et al.，1993），同时减缓水流流速，使泥沙等淤积物沉淀下来，从而净化水质。稻鱼共生系统水质净化价值为负效益，采用机会成本法计算，公式如下：

$$V_{pr} = -\left(Q_n \times C_n + Q_p \times C_p + Q_{cod} \times C_{cod}\right) \times A_r \times H_{wr} \qquad (6\text{-}9)$$

式中，V_{pr} 为生态农业系统水质净化价值（元/a）；Q_n 为稻鱼共生系统水体铵态氮含量（mg/L）；C_n 为污水处理厂处理单位铵态氮的成本（元/t）；Q_p 为稻田生态系统水体总磷（total phosphorus，TP）含量（mg/L）；C_p 为污水处理厂处理单位 TP 的成本（元/t）；Q_{cod} 为稻田生态系统水体化学需氧量（chemical oxygen demand，COD）（mg/L）；C_{cod} 为污水处理厂处理单位 COD 的成本（元/t）；A_r 为生态农业系统面积（m²）；H_{wr} 为水体深度（m）。

（4）净化空气。生态农业系统主要依靠种植的农作物进行气体调节。依据光合作用公式，植物每生产 1g 干物质可吸收 1.63g 二氧化碳，释放 1.2g 氧气，生态农业系统净化空气能力通过排放二氧化碳的量和吸收氧气的量计算，净化空气价值采用碳税法和制氧工业成本法计算，公式如下：

$$V_g = Q_c \times C_c + Q_o \times C_o \qquad (6\text{-}10)$$

式中，V_g 为净化空气价值（元/a）；Q_c 为固定二氧化碳的量（t）；C_c 为 2019 年瑞典碳税价格（元/t）；Q_o 为释放氧气的量（t）；C_o 为工业制氧成本（元/t）。

部分生态农业系统（如浙江青田稻鱼共生系统）还可以减少甲烷、一氧化二氮等温室气体的排放，其排放量一般通过实地试验测得，减排价值通过温室效应系数换算成温室效应的二氧化碳当量，再通过碳税法进行计算。

（5）土壤保持。生态农业系统种植的农作物可以减少土壤侵蚀，每年减少土壤侵蚀总量的计算公式如下：

$$Q_{sr} = \left(q_{nr} - q_{fr}\right) \times A_r \, / \, \rho_b \qquad (6\text{-}11)$$

式中，Q_{sr} 为生态农业系统减少土壤侵蚀总量（m^3/a）；q_{nr} 为无植被覆盖时土壤侵蚀模数 [t/（$hm^2 \cdot a$）]；q_{fr} 为有植被覆盖时土壤侵蚀模数 [t/（$hm^2 \cdot a$）]；A_r 为生态农业系统面积（m^2）；ρ_b 为土壤容重（t/m^3）。

生态农业系统土壤保持价值包括减少土壤侵蚀的价值和保持土壤肥力的价值，采用机会成本法计算，公式如下：

$$V_{sr} = Q_{sr} \, / \, H \times C_r \qquad (6\text{-}12)$$

$$V_{dn} = Q_{sr} \times \rho_b \times \left(P_1 \times C_1 + P_2 \times C_2 + P_3 \times C_3 + P_4 \times C_4\right) \qquad (6\text{-}13)$$

式中，V_{sr} 为减少土壤侵蚀的价值（元/a）；H 为土层厚度（m）；C_r 为生态农业系统单位面积年平均效益（元/hm^2）；V_{dn} 为保持土壤肥力的价值（元/a）；P_1、P_2、P_3、P_4 分别为土壤中有机质、总氮、速效磷、速效钾含量（%）；C_1、C_2、C_3、C_4 分别为单位质量有机质、总氮、速效磷、速效钾的市场价格（元/t）。

（6）养分持留。部分生态农业系统独特的景观格局和水土利用方式使其具备一定的养分持留功能。浙江瑞安滨海塘河台田系统的土壤长期位于水面以下，小部分土壤受降雨影响间歇性被水层覆盖。因此，该系统的土壤属于淹水土壤，与现代农业系统（旱地）土壤相比呈现较为特殊的理化性质（苏伯儒 等，2023）。浙江青田稻鱼共生系统中，田鱼和水稻对氮素的互补利用可以提高其资源利用效率，该系统中环境氮素持有量为 0，并且会从环境中吸收 5kg/hm^2 氮素，既能减少氮肥的施用，还能减轻农业面源污染。因此，生态农业系统养分持留价值采用机会成本法计算，公式如下：

$$Q_{sn} = (Q_{ri} - Q_{ro}) \times A_r \qquad (6\text{-}14)$$

$$V_{sn} = Q_{sn} \times C' / A_r \qquad (6\text{-}15)$$

式中，Q_{sn} 为生态农业系统不同元素持留总量（kg）；Q_{ri} 为生态农业系统中元素（氮、磷、钾）输入量（kg/hm²）；Q_{ro} 为生态农业系统中元素（氮、磷、钾）输出量（kg/hm²）；V_{sn} 为生态农业系统养分持留价值（元/hm²）；C' 为单位质量元素的市场价格（元/t）。

（7）传粉。不同于现代农业系统的集约化发展，生态农业系统中保留了部分非农田生境，提高了系统中的景观异质性，对维持生态农业系统内的生物多样性意义重大，从而有利于提供传粉服务。例如，咖啡种植园附近的森林斑块能增加传粉昆虫的数量，增强传粉服务供给，有助于提高咖啡产量（Schwarz et al.，2006；Priess et al.，2007）。

昆虫传粉会提高生态农业系统中的农作物产量，因此传粉服务价值一般用授粉昆虫对农作物的增产价值来定量评价，其计算公式如下：

$$D_i = (Q_{open} - Q_{close}) \times P_v \qquad (6\text{-}16)$$

式中，D_i 为授粉昆虫对农作物的增产价值（元/hm²）；Q_{open} 为昆虫授粉区域中的农作物产量（kg/hm²）；Q_{close} 为避开昆虫授粉区域的农作物产量（kg/hm²）；P_v 为农产品价格（元/kg）。

（8）水分涵养。生态农业系统中土壤的非毛管孔隙是土壤的快速储水场所，提供暂时的储水容量，并可迅速排水和接纳新渗入的雨水，从而减少了地表径流。水分涵养量采用单位面积土壤截留持水量法计算，水分涵养价值通过影子工程法计算，公式如下：

$$Q_{w1} = (P \times K + C \times H) \times A_f \qquad (6\text{-}17)$$

$$V_{w1} = Q_{w1} \times C_w \qquad (6\text{-}18)$$

式中，Q_{w1} 为生态农业系统土壤水分涵养量（m³/a）；P 为降水量（mm）；K 为农作物截留率（%）；C 为土壤非毛管孔隙度（%）；H 为土层厚度（mm）；V_{w1} 为水分涵养价值（元/a）；C_w 为影子水库造价（元/m³）。

（9）病虫草害防治。生态农业系统在病虫草害防治方面有自己的独特方法。在浙江青田稻鱼共生系统中，田鱼撞击水稻，致使稻飞虱掉入水中并被捕食（Xie et al.，2011）；田鱼还能食用杂草和水稻根部的纹枯病病菌（肖筱成 等，2001）。江西崇义客家梯田生态系统采用农田冬翻、间作套种、灯火灭虫等传统方法进行病虫草害防治（缪建群 等，2017）。与现代农业系统相比，生态农业系统可以节省农药、杀菌剂、除草剂等费用，因此采用机会成本法计算生态农业系统病虫草害防治价值，公式如下：

$$V_{di} = C_{di} \times A_r \tag{6-19}$$

式中，V_{di} 为生态农业系统病虫草害防治价值（元/a）；C_{di} 为生态农业与现代农业间农药、杀菌剂、除草剂投入之差（元/hm^2）。

2）当量因子法

当量因子法是一种基于专家知识的生态系统服务价值化方法，计算公式如下：

$$D = S_r \times F_r + S_w \times F_w + S_c \times F_c \tag{6-20}$$

式中，D 为 1 个标准当量因子的生态系统服务价值量（元/hm^2）；S_r 为稻谷播种面积百分比（%）；F_r 为稻谷单位面积平均净利润（元/hm^2）；S_w 为小麦播种面积百分比（%）；F_w 为小麦单位面积平均净利润（元/hm^2）；S_c 为玉米播种面积百分比（2019 年，%）；F_c 为玉米单位面积平均净利润（元/hm^2）。

该方法在全国范围得到了广泛应用，谢高地等（2008）在对我国200 位生态学者进行问卷调查的基础上，将 1 个标准当量因子的生态系统生态服务价值定义为 1hm^2 全国平均产量的农田上每年自然粮食产量的经济价值，并制定出我国生态系统单位面积服务价值当量因子表（表6-5）。谢高地等（2015）用此方法对我国 11 种生态系统服务价值进行核算，并引入时空调节因子对其进行了修正。

表 6-5　2007 年我国生态系统单位面积服务价值当量因子表

一级类型	二级类型	森林	草地	农田	湿地	河流/湖泊	荒漠
供给服务	食物生产	0.33	0.43	1.00	0.36	0.53	0.02
	原材料生产	2.98	0.36	0.39	0.24	0.35	0.04

续表

一级类型	二级类型	森林	草地	农田	湿地	河流/湖泊	荒漠
调节服务	气体调节	4.32	1.50	0.72	2.41	0.51	0.06
	气候调节	4.07	1.56	0.97	13.55	2.06	0.13
	水文调节	4.09	1.52	0.77	13.44	18.77	0.07
	废物处理	1.72	1.32	1.39	14.40	14.85	0.26
文化服务	提供美学景观	2.08	0.87	0.17	4.69	4.44	0.24
支持服务	土壤保持	4.02	2.24	1.47	1.99	0.41	0.17
	维持生物多样性	4.51	1.87	1.02	3.69	3.43	0.40
合计		28.12	11.67	7.90	54.77	45.35	1.39

资料来源：谢高地 等，2008。

6.2.3 生态农业系统与现代农业系统生态价值比较

生态农业系统提供的生态价值正效益比现代农业系统更高，负效益更低，因此生态农业系统提供的生态价值要高于现代农业系统。

1. 正效益的增加

在浙江青田稻鱼共生系统中，稻鱼共生系统的田埂高度为40～45cm，稻田生态系统的田埂高度为 25～35cm，其调洪蓄水价值约为稻鱼共生系统的 2/3（刘某承 等，2010）。在养分持留方面，稻鱼共生系统也能比稻田生态系统提供更高的生态价值正效益，谢坚（2011）研究表明，2006～2010 年稻田生态系统年均氮素输入量为 140kg/hm^2 时，水稻氮素持有量为 100kg/hm^2，环境中氮素含量为 40kg/hm^2。稻鱼共生系统年均氮素输入量为 90kg/hm^2 时，水稻氮素持有量为 90kg/hm^2，田鱼氮素持有量为 5kg/hm^2，该系统还会从环境中吸取氮素。因此，浙江青田稻鱼共生系统比稻田生态系统提供了价值更高的养分持留服务。

一些生态农业系统生态价值正效益的提高反映在系统农作物增产上。例如，浙江瑞安滨海塘河台田系统 2019 年蔬菜产量为 37.5t/hm^2，为相同地区大田蔬菜产量（27.3t/hm^2）的 1.4 倍。粮食增产的原因主要有两个方面（图 6-1）：一是环绕台田的水道能改善台田周围的小气候，水体作为温度调节器可以在夜晚释放白天储存的热能，避免霜冻对台田作物的损害（Renard et al.，2012；李颖 等，2020），相较于现代农业系统，台田系统提供了更高的气候调节服务；二是台田土壤为淹水土壤，其速效钾含量、速效磷含量和土壤阳离子交换容量（cation exchange capacity，CEC）高于相同地区的大田土壤，台田土壤酸碱度也优于其他现代农业系统的大田土壤（图 6-2），表明其保肥能力远高于大田土壤，相较于现代农业系统，生态农业系统提供了价值更高的土壤保持服务。

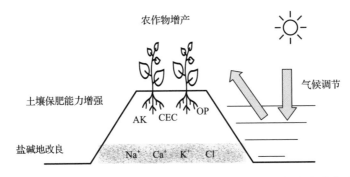

图 6-1　浙江瑞安滨海塘河台田系统生态价值正效益产生机制

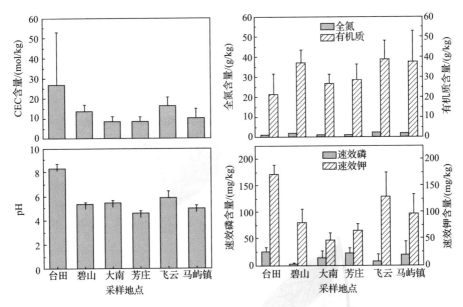

图 6-2　浙江瑞安滨海塘河台田土壤与大田土壤理化性质比较

部分生态农业系统能提供自身独有的生态系统服务以增加其生态

价值的正效益。例如，在浙江瑞安滨海塘河台田系统中，台田田面高于原地表 1.5m 以上，相对降低了地下水位，从而减少地下咸水中的盐分通过土壤毛管向地表输送，能显著降低土壤总含盐量，有效解决土壤盐渍化问题，相较于现代农业系统，这种生态农业系统为人们提供了改良土壤盐碱度服务（谷孝鸿 等，2000；刘树堂 等，2005）。

2. 负效益减少

生态农业系统相较于现代农业系统，在甲烷排放、化肥施用、农药施用等方面提供的生态价值负效益更低。

在浙江青田稻田生态系统中甲烷平均排放通量为 31.59mg/（m²·h），在稻鱼共生系统中甲烷平均排放通量为 23.38mg/（m²·h），其甲烷平均排放通量约减少了 26%（图 6-3），降低了气体调节服务的负效益（李娜娜，2013）。

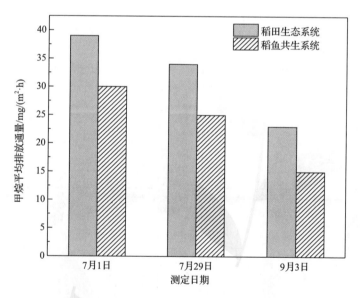

图 6-3 稻田生态系统和稻鱼共生系统甲烷平均排放通量

Xie 等（2011）研究表明，与稻田生态系统相比，2006～2010 年稻鱼共生系统化肥施用量降低了 24%，农药施用量降低了 68%。调查数据显示，2006～2010 年青田县稻田生态系统杀虫剂、杀菌剂和除草剂投入量分别为 3.26kg/hm^2、0.58kg/hm^2、0.38kg/hm^2，而稻鱼共生系统杀虫剂、杀菌剂和除草剂投入量分别为 1.53kg/hm^2、0.23kg/hm^2、0kg/hm^2，均显著低于稻田生态系统（图 6-4），化肥投入量以每公顷投入的氮、磷、钾的量表示（谢坚，2011）。稻鱼共生系统可以有效控制农业生产造成的面源污染，减少化肥、农药等的投入量（刘某承 等，2010），进而降低其水质净化服务的负效益。

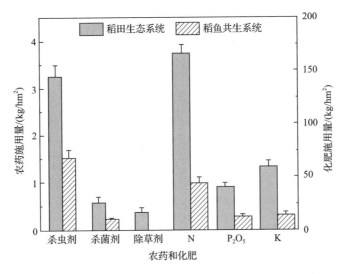

图 6-4　稻田生态系统和稻鱼共生系统农药和化肥投入

棉田间作套种系统也能控制病虫害并抑制杂草生长。Iqbal 等（2007）通过两年的田间试验研究表明，棉花与高粱、大豆和芝麻间作后，杂草香附子的密度比棉田单作降低 70%～96%，生物量降低 71%～97%。Zhang 等（2000）研究表明，棉田边缘苜蓿带繁育了大量棉蚜天敌，其数量为棉田棉蚜天敌的 6.9 倍，对棉蚜有很好的控制效果，避免了农药施用造成的农业面源污染，降低了水质净化服务的负效益。

6.2.4　生态农业生态价值影响机制

生态农业系统中环境因子的耦合及丰富的生物多样性，导致其相较于现代农业系统能够提供更高的生态价值。

1. 环境因子的耦合

在我国南方村落，村前通常修建鱼塘，后山种植"风水林"，这种景观格局为村民提供了重要的生态系统服务（骆世明，2007）。生态农业系统中环境因子的耦合对系统生态价值的影响与我国南方村落景观格局对景观生态系统服务的影响有异曲同工之妙。

例如，在浙江瑞安滨海塘河台田系统中，台田周围的水域作为"温度调节器"，白天吸收热量，夜间释放热量，为作物提供了良好的热量环境；台田田面的提高有效抑制了盐分向土壤表层运移，减轻了土壤盐碱程度；台田底层土壤长时期浸泡在水中，并且部分土壤间歇性被水层淹没，改变了土壤的理化性质，提高了土壤的保肥能力，为作物提供了良好的养分环境。

因此，部分生态农业系统通过环境因子的耦合改变系统中的热量传递、养分运移、水盐运动等非生物过程，进而使其可以提供更高的生态价值。

2. 丰富的生物多样性

生态农业系统中丰富的生物多样性影响了系统中的捕食、传粉等生物过程或非生物过程，进而使其可以提供更高的生态价值。

例如，在浙江青田稻鱼共生系统中，田鱼能捕食稻飞虱，食用水稻根部的纹枯病病菌，减少病虫草害的发生，避免了化肥、农药的滥用，降低了生态价值的负效益；同时田鱼搅动土壤，提升水稻根系的养分吸收效率，提高了生态农业系统的氮素持留能力，进而提高了生态价值的正效益。

在棉田间作套种复合系统中，通过高秆作物和矮秆作物、禾本科作物和豆科作物、窄叶作物和宽叶作物、喜阴作物和耐阴作物等的合理配置，形成生态位互补，充分利用光热资源，增加地下根系生物量与分布范围，提升养分吸收效率；利用作物间的化感作用促进棉苗发育，减少病虫害的发生（李向东 等，2009）；同时不同作物间的活化作用能帮助系统持留养分（孟亚利 等，2005），进而提高生态农业系统的生态价值。

6.3　现代生态农业的社会价值

随着城镇化与商品化的快速发展，我国农民生活水平得到显著提高，农村生态环境与人居条件得到较大改善（曾展发，2019），然而也存在许多社会问题，如农村空心化问题严重（刘彦随和刘玉，2010）、留守女性问题突出（吴慧芳，2011）、农民社会保障水平低（赵光和李放，2012）等。20 世纪 80 年代以来，一批生态功能保护区、生态示范区、生态农业试点县先后建立（李文华，2003）。生态农业理念的发展与技术的推广一方面显著带动了粮食总产量与农业总产值的增长、乡村产业结构优化，另一方面在解决农民就业、鼓励女性参与、促进乡村治理、助力乡村振兴等方面具有重要的社会价值。

6.3.1　生态农业与农民就业

党的十九大报告指出，"三农"问题是关系国计民生的问题，必须解决好"三农"问题，实施乡村振兴战略。实施乡村振兴战略，提升农村收入、拓宽农民尤其是农民工的就业渠道是关键（冯馨，2019）。自家庭联产承包责任制实施以来，农业生产由集体经营转向个体经营，随着农业机械化水平的不断提高及节约劳动技术的发展，家庭性别分工模式被削弱，极大地解放了农村劳动力，在户籍制度松动的条件下人口大量流向城市，但在促进城镇化建设的同时客观上也造成了较为突出的农村剩余劳动力问题（叶敬忠和王维，2018；李勇刚，2016；李斌和张贵生，2019；张永丽和郭世慧，2019）。这些过剩的劳动人口主要为种植业劳动力剩余，剩余劳动人口数量庞大，制约着农业发展水平的提高与农村产业结构的优化（黄和平和王智鹏，2019）。此外，耕地面积的减少导致农民可利用的耕地资源下降，更多土地用于非农业建设，因此在许多农村地区产业融合转型不完善的背景下，失地农民就业质量低、"亚失业"与"隐性失业"现象严重（贺鹏和张海钟，2019）、农村地区人均人力资源下降（许泽宁 等，2019）等问题较为突出。近年来，随着农村剩余劳动人口在政策制度、家庭情况、身体状况等因素的影响下，其向城镇地区转移的意愿呈逐年下降的趋势（孔艳芳，2017）。目前国内外学界关于生态农业背景下农村劳动力就业问题的研究普遍认为，主要解决途径应当以劳动力的转移为主，并重视政府就业导向、就业政策制定、劳动力素质提升、缩减劳动力转移距离等因素的影响（庞嫦嫦，2015；鲁莎莎 等，2015）。

生态农业发展的各个环节都需要大量人力资源的支撑，客观上需要培养一批立足本地的生态农业工作者，具有较强的劳动力吸纳能力（庞嫦嫦，2015）。基于联合国可持续发展目标——SDG 8：体面工作和经济增长（Decent work and economic growth），生态农业可以为乡村青年与女性提供许多就业机会，这些岗位因社区恢复力的提升而得以更好地维持，并有力支撑了乡村社区的生计。生态农业发展有助于农村产业融合，从而为农业经济多元化发展提供重要路径，有利于转变农业发展方式、拓宽农民增收渠道。在生态农业发展模式下，农业要素容易变成商业要素，从养殖到种植，从收获到加工，从加工到销售，从餐饮到观光旅游，从保健到养生、养老，乡村可以就地城镇化。生态农业在带动农村劳动力技能与素质提升的同时，促进农业产业链拓展与农村产业融合，一方面为农村本地中老年与女性劳动力提供更多的就业机会，另一方面也吸引大量中青年劳动力回流，吸引"农二代"、大学生二代，乃至城市精英回乡就业，从而加快农村产业结构转型，补充农村人力资源，促进生态农业产业快速发展（蒋高明 等，2017；徐亚楠 等，2014）。目前在国内已有许多关于生态农业的有益探索，如武夷山区民族山寨生态旅游产业发展（白晋湘 等，2012）、重庆三峡库区特色农业循环经济（罗雪峰 等，2010）等。

浙江青田稻鱼共生系统：农旅融合带动农民就业增收

浙江是国内最早响应并积极参加全球重要农业文化遗产项目的省份。早在 2005 年 6 月，浙江青田稻鱼共生系统就被 FAO 列为首批全球重要农业文化遗产保护试点，也是我国首个全球重要农业文化遗产地。此后，浙江绍兴会稽山古香榧群与浙江湖州桑基鱼塘系统分别于 2013 年与 2017 年得到 FAO 的认定。自农业部 2012 年启动中国重要农业文化遗产发掘与保护工作以来，截至 2018 年 12 月，浙江共有 8 处中国重要农业文化遗产得到认定，数量居全国首位。

在全省积极推进农业文化遗产保护与发展的大背景下，浙江青田依托生态优势，坚持"保护为先、保护与发展共存"的原则，逐渐探索出一条农旅融合的生态农业发展模式，在带动农民就业增收、促进农村产业结构转型、推进乡村振兴战略方面起到较好的龙头示范作用。稻鱼共生系统核心区之一的浙江青田小舟山乡与本地企业合作，以土地流转的方式从周边 9 个村共转租逾 700 亩梯田用于种植创意油菜花。农户通过承包梯田，免费从公司领取种子、农药等农资，以及每年每亩 600 元的奖励，积极投身"美丽经济"的发展，实现了"政府主导、私人订制、农户耕种"模式的构建，引导农户从"种田地"向"卖风景"转变，鼓励农户走观光农业、创意经济的增收致富之路，推动当地种养、民宿、旅游等多种业态综合发展。

FAO 前总干事若泽·格拉齐亚诺·达席尔瓦（José Graziano da Silva）表示，远古的中国农业文明充满了活力，它不仅惠及水稻与养鱼，也为当地农民创造了就业机会，促进了餐饮、旅游等产业的发展。重要农业文化遗产不仅为人们提供优良丰富的产品，还具有更多的社会功能。

6.3.2 生态农业与女性参与

长期以来，许多国家都存在着显著的性别歧视，导致女性在从事农业生产时面临来自户籍制度（陈光燕，2016）、生产资料（刘鸿，2010）、技术培训（王付春，2016）等多方面的约束。联合国妇女署（UN Women）的统计数据显示，全球范围内 25～54 岁的男性与女性的劳动参与率分别为 94.0% 和 55.0%；所有受雇的女性中有 38.7% 从事农业、林业与渔业生产；女性陷入极端贫困的风险比男性高 4.0%，面临食物短缺的风险则高出 10.0%。对平均占农业劳动力 43.0%的发展中国家女性而言，如果她们能摒除性别差距带来的不利影响，将会带动整个国家农业产出增长 2.5%～4.0%。

对绝大多数发展中国家的女性而言，农业依然是从业人数最多的就业部门。她们通过耕种土地和种植作物来养育家人，确保社区的粮食安全，为农村和农业经济做出了不可或缺的重要贡献（陈光燕，2016）。但自 20 世纪 90 年代以来，全球化趋势的不断发展导致农业商业化、农产品市场自由化、乡村社会化服务私有化与乡村青壮年劳动力离土化（冯剑侠，2019），迫使许多乡村女性特别是已婚女性留守农村，出现"留守女性"（赖运成，2019）与"农业女性化"现象（胡玉坤，2012），而这两种社会现象通常是伴生的，都是在农村劳动力结构发生变化的情况下产生的。由于农村劳动力转移过程中存在着性别差异，转移男性的比重高于甚至远高于女性，更多的女性滞留在农村。这使男女工作存在了分工，女性主要操持家务劳动，而男性主要从事"市场"活动，从而对"留守女性"与"农业女性化"现象的加剧起到重要影响（何军 等，2010；王云飞 等，2013）。许多发展中国家之所以存在农业发展问题，很大程度上是由于女性缺乏有效利用资源的机会，而这种因男女性别地位差异引发的资源限制、市场限制等问题十分普遍。

生态农业的发展为缩减农业中的性别差距提供重要机遇，进而在提高农业生产力、发挥乡村女性作用等方面发挥重要作用，使女性在农业生产中扮演着愈发重要的角色。基于联合国可持续发展目标——SDG 5：性别平等（Gender equality），女性在生态农业中扮演着中心角色，从家庭到田地再到市场，生态农业能够显著提升女性的权利，实现赋权与自治。生态农业的发展一方面可以为她们提供数量更多且更多元化的就业选择（如从事生态旅游接待、特色农产品加工等），另一方面也可以为她们提供许多劳动技能培训机会，促进更多乡村女性积极参与土地经营、家畜养殖、技能培训、金融服务等，催生一批女性基层管理者和女性地方企业家。

近年来，地方政府积极开展"三八"绿色工程、"林果工程"、"蚕桑工程"、"菜篮子工程"等一系列具有示范性、先导性、服务性的调整农村区域性产业的示范工程,为促进农村女性参与农业产业转型发展提供了契机。同时加强农村女性文化科技体系的培训建设,注重培养女性参与经营、参与管理、参与流通、管理企业、开发市场的能力,充分发挥农村女性在农业生产发展中的聪明才智,促进生态农业的发展。

河北涉县旱作石堰梯田系统:品种资源保护中的女性参与

河北涉县旱作石堰梯田系统地处河北省邯郸市涉县,位于太行山东南麓,在山西、河北、河南 3 省交界处,于 2014 年被农业部认定为第二批中国重要农业文化遗产。它是当地先民适应和改造艰苦的自然环境而发展并世代传承下来的山区雨养农业系统,其起源最晚可以追溯到元初至元二十七年(1290 年)。在脆弱的生态环境中,当地人通过生物多样性保护和文化多样性传承,使不断增长的人口、逐渐开辟的梯田与充满智慧的农耕技术长期协同进化,在缺土少雨的北方石灰岩山区实现了地区的可持续发展。

该系统的长期存续发展离不开当地女性的辛勤付出。她们不仅是田间耕作的重要劳动力,还广泛参与育种、播种、施肥、除草、杀虫、剪枝、收获、晾晒、贮存、销售等环节。毛驴是该系统不可或缺的物质运输者、能量转化者与田间劳作者,当地人积累了一套驯化毛驴的技术,这些技术的传承与实践也主要依赖当地的乡村女性。勤劳的女性与充满灵性的毛驴共同配合,在梯田生态农业系统的可持续运行中发挥着重要作用。

2017 年 10 月 30 日,涉县旱作梯田保护与利用协会在位于遗产核心区的王金庄三街村正式成立。作为涉县旱作梯田保护与发展的非营利性民间社团组织,该协会目前有 50 多名会员,其中绝大多数为当地中老年女性。近年来,在遗产动态保护与可持续发展管理目标的驱动下,遗产地农业多功能拓展趋势不断增强,也大幅带动了当地女性的参与积极性。女性在该协会的指导下进行传统农家品种收集与保护、农家乐培训与管理实践、特色农产品产销培训等,形成良性互动的局面。许多外出务工的本地女性看到遗产地越来越多的发展机遇，计划返乡创业发展，相信在不久的未来，河北涉县旱作石堰梯田系统将因更多女性的热情参与而得到更好的发展。

6.3.3　生态农业与乡村治理

乡村治理即通过何种方式对我国乡村加以管理，或是乡村通过何种方式达到自主管理才有助于落实乡村社会的科学建设和发展（贺雪峰，2005）。改革开放以来，随着土地经营权由集体转移到农户，农户家庭成为基本的经济决策单位，在农业种植、日常生活等方面拥有自主决策权，国家逐步退出农村和农户的经济生活领域，从而根本性地改变了国家在乡村的治理结构和权力关系（艾云和周雪光，2017）。随着改革的不断深化与政策调整，乡村社会的利益格局处于不断变化之中，村民、村集体和国家之间的关系呈现日益紧张的趋势，出现了抗税等一系列针对相关政策的抗争行动（李昌平，2014；李兴平，2018）。由于乡村社会历史的沉淀和集体制度的建构，围绕乡村公共事务的群众动员和利益协调具有政治意义。因此，乡村治理具有政治与行政糅合为乡村治理结构的二重性，反映了现代国家建构进程中乡村有效治理的内在要求（杜鹏，2017）。

2013 年中央一号文件《中共中央 国务院关于加快发展现代农业进一步增强农村发展活力的若干意见》（中发〔2013〕1 号）首次提出建设美丽乡村的奋斗目标，新农村建设以美丽乡村建设首次写入国家文件。2017 年，党的十九大报告中提出了实施乡村振兴战略，特别强调组织振兴的重要地位，乡村治理能力建设是我国国家治理体系和治理能力现代化建设进程中的重要环节。因此，完善乡村治理机制、提升乡村治理水平既有国家战略发展的理论与政治需要，也有解决乡村社会问题的现实需求。

生态农业的发展有利于对部门、学科与行动者等进行更具深度的整合，使政策措施能够在不同尺度（本地、国家、全球）与不同部门（从农业、渔业、林业到经济、社会、环境部门）进行整合以实现协调一致，从而为乡村社会营造一种全新的治理模式，团结并鼓励多种利益相关方共同参与。基于联合国可持续发展目标——SDG 16：和平、正义与强大机构（Peace，justice and strong institutions），生态农业的发展支持强大而有包容性的组织在政策层面分享知识、促进团结及表达意见，能够通过激励利益相关方参与的方式积极协调各方利益（焦美玲，2015），使各方诉求得到更充分的表达，使各方矛盾能够得到更及时的化解。

　　近年来，作为生态农业发展的应用模式之一，社区支持农业（community supported agriculture，CSA）在全球范围内得到广泛的推广（石嫣 等，2011）。其立足农民的主体地位，突出合作共赢的理念，一方面用社区支持农业理顺生态农业经营体系，另一方面用生态农业构建可持续的农业生产体系，实现生态保护与农业增值、农民增收、农村增彩的共赢局面，为探索乡村社会的现代化治理模式提供良好借鉴（王松良，2019；侯新渠和刘爽，2019）。此外，农民专业合作社的建设对促进农民思想观念的根本性转变、加快生态技术的全面推广，以及推进生态农业的全面发展等也具有重要作用（李恩和孙为平，2010）。

陕西佳县古枣园：农耕记忆促进乡村团结

　　我国是红枣生产大国，陕西佳县素有"中国红枣名乡"的美誉。佳县有着 3000 多年的枣树栽培历史。长期以来，当地人克服严苛的生态环境条件，在干旱少雨、土壤贫瘠的黄土高原创造了具有较高恢复力的枣-林-粮生态农业模式，既保障了当地的可持续生计，又在黄河沿岸的坡地上发挥重要的生物多样性保护、水土保持、水源涵养和防风固沙等生态功能。据考证，当地最老的两棵枣树已有 1300 余年的树龄，它反映了当地人坚韧的品质与发展农业的智慧。

　　2014 年，陕西佳县古枣园被 FAO 认定为全球重要农业文化遗产，核心保护区位于泥河沟村。其具有世界上保存最完好、面积最大的千年古枣树群，以及从野酸枣到大红枣的完整驯化过程，是当地人世世代代坚守黄土塬的明证。随着时间的流逝，佳县古枣园正遭受着岁月的侵袭和人为的破坏，传统的生产技术与红枣文化也面临着失传的危险。在中国农业大学研究团队的参与式研究影响下，当地政府对古枣园的发展更加重视，为遗产保护与发展提供政策支持；村委干部与研究人员共同开展农业技术、文化的发掘与整理工作，并通过梳理村落历史的方式逐渐唤起村民保护与利用的意识觉醒，最终实现村委领导下的村民自治。当地农民积极投身于村委会、地方企业、非政府组织、社会热心人士等利益相关主体的协作工作，在村庄景观改造、红枣产业链拓展、枣园主题观光体验旅游等方面进行了有益的探索，在凝聚各方保护共识的同时提升了遗产知名度，优化了乡村产业结构，更显著提升了村民的生活水平。

6.3.4　生态农业与脱贫攻坚

贫困是全球性的重大社会问题，消除绝对贫困对实现全人类的共同福祉具有重要意义。20 世纪 90 年代以来，全球脱贫工作取得显著成效，将极端贫困人口的比例从 1990 年的 36.0%降为 2018 年的 9.0%，世界上一半左右的国家贫困发生率在 3.0%以下。尽管如此，联合国开发计划署（The United Nations Development Programme，UNDP）公布的《2019年人类发展报告》中基于多维贫困指数的测量结果显示，全球依然有约13 亿极端贫困人口，完成《2030 年可持续发展议程》中"将世界极端贫困人口比例降至 3.0%以下"的任务依然有较大难度。自 1978 年改革开放以来，我国在消除绝对贫困方面取得令人瞩目的成就，截至 2020 年，我国完成了全国脱贫攻坚的目标任务，为全球减贫事业做出了突出贡献（周扬 等，2018）。

目前，世界减贫仍面临诸多关键问题，如世界不均衡减贫加剧了地区资源的过度开发、国际流离失所者增加加剧了贫困识别的不精准性、乡村衰退加剧了世界减贫成效的不稳定性等（李玉恒 等，2019）。2015 年，习近平对精准扶贫的内涵进行进一步阐释，提出扶贫对象要精准、项目安排要精准、资金使用要精准、措施到位要精准、因村派人要精准、脱贫成效要精准"六个精准"（李成才，2015；郑军和王启敏，2017），以保证在 2020 年实现现有标准下所有农村贫困人口的全面脱贫。

产业扶贫是精准扶贫的重要途径，通过识别贫困地区的资源特征，建立内生发展机制，从而促进贫困地区发展、增加贫困农户收入。基于联合国可持续发展目标——SDG 1：消除一切形式的贫困（No poverty）和 SDG 10：减少不平等（Reduced inequalities），包括种植业、畜牧业与渔业在内的生态农业通过建立产业发展机制为全球许多农村穷人提供生计来源。尽管有研究表明，采用生态农业生产方式在短期内会对穷人的收入水平有一定不利影响，但从长远来看，生态农业能够通过促进农业多功能拓展（李文华 等，2012）、开展生态农业技能培训（骆世明，2017）、进行生态农户认证（骆世明，2015）、打造生态农业品牌（梁伟红 等，2018）等途径支持第一产业从业者降低生产成本，提高收入，保持经济稳定性与恢复力，进而改善农村劳动人口结构与社会结构（曹志平，2013），以及国家内部与国家之间发展的不平等现状。

贵州从江侗乡稻鱼鸭复合系统：
山地梯田综合利用助力扶贫开发

从江县位于贵州省东南部的苗族侗族自治州，地处云贵高原向广西丘陵山地的过渡地带。从江县是一个以种养殖业为主的山区农业县，全县山区丘陵面积达 3180km^2，占全县土地总面积的 98.0%。全县有苗族、侗族、壮族、水族、瑶族等 19 个少数民族，少数民族人口占全县总人口的 94.0%。从江县拥有被文化部认定为"中国民间文化艺术之乡"的高增乡小黄村、被誉为"世外桃源"的高增乡占里村、被国家文物局列为第三批全国重点文物保护单位的往洞乡增冲鼓楼等文化资源。

据《古州厅志》《黎平府志》等地方文献记载，稻鱼鸭复合系统是具有上千年历史的传统农业生产方式，其模式可以归纳为"种植一季稻，放殖一批鱼，养殖一群鸭"。这种复合生态农业模式通过一田多用的方式有效缓解了人地矛盾，提高了土地产出率，保护了当地丰富的生物多样性与生态环境，是当地苗族、侗族等少数民族长期农耕生产的智慧结晶。2011 年，贵州从江侗乡稻鱼鸭复合系统被 FAO 列入全球重要农业文化遗产名录。

作为曾经的国家级贫困县，从江通过发挥"农业文化遗产"这一品牌优势，大力发展稻鱼鸭生态种养产业，探索出诸多扶贫路径，如加强遗产品牌规划管理、建立示范基地带动周边发展、筹建产业发展联盟等有益做法。截至 2018 年底，全县共实施稻鱼鸭标准化示范面积 173.33hm^2，推广面积 2060hm^2，带动发展面积 5333.3hm^2，共覆盖 18 个乡镇 209 个村 10 465 户，实现户均年产值 5000 元以上，增收效果明显（杨子生，2018）。

6.4　现代生态农业的文化价值

6.4.1　文化价值

1. 文化价值的概念与内涵

价值是一个多领域的概念，它既是一个经济学术语，也可归为哲学范畴，但在大部分情况下，价值是指一定的对象对主体的理想生存状态具有肯定（或否定）意义的特质（孙美堂，2006）。文化价值是价值的重要组成部分，关于文化价值的内涵，不同的学者有不同的看法。董珂（2003）在关于遗产文化价值的探讨中认为，文化价值是指历史遗产本身的价值属性和特性对现代文化思潮的影响及对现代文化的借鉴、充实和完善作用。宋军卫（2012）对森林的文化价值进行了探索，他认为森林的文化价值就是指通过发挥森林的生态美学、科学教育、历史文化等功能来满足人类的精神层面需求的价值。李明和王思明（2015）认为农业文化遗产的文化价值是指农业文化遗产在长期农业历史发展进程中积淀而成的特有的文化基因和精神特质，表现为农业对保护文化多样性，提供教育、审美和休闲等的作用。此外，根据 UNESCO 大会先后通过的《保护世界文化和自然遗产公约》、《保护非物质文化遗产公约》及相关文件，世界遗产的文化价值主要体现在历史价值、艺术价值和科学价值这 3 个方面。在我国，按照《全国重点文物保护单位保护规划编制要求》与《中国文物古迹保护准则》，文物的价值分为文物本身所具有的价值（历史价值、艺术价值和科学价值）和社会文化价值（对社会、文化、经济的影响作用）。

综上所述，可以看出，文化价值一是指某种文化对人的生存和发展所具有的功能或意义，二是指一定的价值对象对促进文化的发展及社会的文明化所具有的功能或意义。

2. 文化价值的内容构成

文化价值是一个复杂多元的概念，因此要对其进行研究，必须对其进行分析和解构。关于文化价值的内容构成，目前暂无统一的分类标准。戴维·思罗斯比（David Throsby）认为文化价值可分解成审美价值、精神价值、社会价值、历史价值、象征价值和真实价值 6 个部分。尼尔斯·埃勒斯·科克（Niels Elers Koch）在对森林的文化价值进行研究时认为，森林的文化价值包括景观美学价值、历史考古价值、宗教价值、旅游价值等（王国萍 等，2020）。刘芹英（2016）认为森林型自然保护区的文化价值包括美学价值、精神价值、历史价值、象征价值、科学价值和休闲游憩价值 6 个部分。MEA 指出生态系统的文化价值包括精神价值、美学价值、教育价值、休闲价值等（MEA，2005）。刘亚男（2013）认为文化遗产的文化价值包括历史价值、科学价值、艺术价值、政治价值和精神价值 5 个部分。何露等（2010）认为农业文化遗产的文化价值包括保护文化多样性价值、文化创造传承价值、科研教育价值、审美休闲价值。李明和王思明（2015）认为农业文化遗产的文化价值包括维持文化多样性价值、文化传承价值、文化特色价值。从表 6-6 中可以看出，对于不同的价值研究对象，文化价值构成虽然在分类上存在一定的差别，但是其文化传承价值、科学价值、历史价值、科普教育价值、审美休闲价值还是为大多数文化价值分类体系所包含和认可。

表 6-6　不同研究对于文化价值构成的界定

价值研究对象	文化价值分类体系
森林	景观美学价值、历史考古价值、宗教价值、旅游价值
生态系统	精神价值、美学价值、教育价值、休闲价值等
文化	审美价值、精神价值、社会价值、历史价值、象征价值、真实价值
文化遗产	历史价值、科学价值、艺术价值、政治价值、精神价值
森林型自然保护区	美学价值、精神价值、历史价值、象征价值、科学价值、休闲游憩价值
农业文化遗产	保护文化多样性价值、文化创造传承价值、科研教育价值、审美休闲价值

6.4.2　生态农业的文化价值

1. 生态农业文化价值的内涵

中国是世界农业的重要起源地之一。长期以来，中国劳动人民在农业生产活动中，为了适应不同的自然条件，创造了至今仍有重要价值的农业技术体系与知识体系。生态农业作为继承了中国传统农耕文化精华的农业形式之一，除了具有一般农业所具有的生产功能外，还具有重要的生态功能和文化功能，是一种多功能农业（李文华 等，2012）。生态农业的发展，不仅为社会提供了多样化的产品，而且其所具有的传统农耕方式还在适应气候变化、供给生态系统服务、保护环境、农业生物多样性保护、农耕文化多样性保护与活态传承等方面具有独特的优势，为现代农业的发展保留了杰出的农业景观，维持了可恢复的生态系统，传承了高价值的传统知识和文化，同时也保存了具有全球重要意义的农业生物多样性。生态农业的多功能性决定了其在农业生产、生态保护及文化传承等方面具有重要的价值，主要包括经济价值、文化价值和生态价值。

生态农业蕴含着丰富的文化内涵和多维文化价值，众多研究者根据前文对文化价值内涵的界定，结合对生态农业功能的分析，对生态农业的文化价值进行了界定。生态农业的文化价值是指其在长期农业历史发展进程中积淀而成的特有的文化基因和精神特质，具有带给人们休闲、审美和教育等功能，以及其对文化的创造、传承、发展与保护具有促进作用。

2. 生态农业的文化价值构成

根据生态农业文化价值的内涵界定，以及借鉴前文对不同领域文化价值的构成分类，生态农业的文化价值可分解为文化传承价值、历史价值、科研价值、科普教育价值和审美休闲价值 5 个方面（表 6-7）（王国萍 等，2020）。

表 6-7　生态农业文化价值的分类

文化价值类别	含义解释
文化传承价值	生态农业在其发展过程中，在促进传统农耕文化与农耕知识的创造、保护与传承方面所具有的价值
历史价值	生态农业在帮助人们解读农业历史、农业思想和农业活动，从而反映、证实和补全历史的价值
科研价值	生态农业作为一种科学研究的资源和信息的载体所具有的科学研究价值
科普教育价值	生态农业在促进传统农耕文化的科普和实践教育等方面所具有的价值
审美休闲价值	生态农业系统在带给人们精神上或情绪上的审美感染力，以及进行休闲娱乐、放松身心等方面所具有的价值

1）文化传承价值

生态农业的文化传承价值是指生态农业在其发展过程中，在促进传统农耕文化与农耕知识的创造、保护与传承方面所具有的价值。生态农业的传统生产、生活方式在民族文化、地域文化及相关传统的农耕知识、技术等的创造、传承、维护等方面发挥着不可替代的作用，是中国传统农耕文化传承与发展的重要载体（何露 等，2010）。

传统生态农业区的居民在长期从事农业生产、生活过程中形成了自身的传统知识体系，以及与农耕活动相关的节庆娱乐、礼仪、禁忌习俗、工艺、技术等。自中华人民共和国成立以来，尤其是改革开放以来，随着现代农业技术的普及，中国的传统农业受到了前所未有的冲击：曾盛行于粤桂南部的稻田养鱼已难以为继，珠江三角洲的桑基鱼塘、蔗基鱼塘基本被淘汰，从南至北各种以作物为主体的轮作、混作、间作套种等优良传统耕作方式也已经消失，林粮间作、果粮间作不再提倡，等等。多样化、低成本的农业生产结构被单一化、高投入的化学生产与机械生产结构所代替，导致农业文化传承功能的衰落。随着生态农业的保护与发展，一些传统生态农业区的农耕文化与技术得以保存和传承，并且至今还在使用。例如，浙江青田稻鱼共生系统，其稻田养鱼的农业生产方式和饭稻羹鱼的农业生活方式所创造的丰富多样的农耕文化被传承至今，其中不仅包括农业思想、农业生产知识、农业工具、农业技术在内的农业耕作文化，也包括田鱼的烹调技艺与田鱼干的加工制作等在内的传统饮食文化，还包括与稻鱼共生系统有关的民间习俗、民间传说、青田鱼灯舞、农谚、民谣与诗词等农业民俗文化，此外，还包括古祠堂、古民居、古桥、古亭、古庙等的村落建筑文化。还有浙江会稽山古香榧群，会稽山民在长期从事农业生产、生活过程中所形成的独特的传统知识体系，以及与采摘香榧、炒制香榧活动相关的节庆娱乐、礼仪、禁忌习俗、工艺和技术等传统农业知识与文化也被当地人很好地保存并沿用至今（徐远涛 等，2013）。

此外，还有众多与农业生产、生活息息相关，与当地的民风、民俗、生活习惯等契合的文学、艺术作品，如湖南紫鹊界梯田地区劳动人民田间劳动吟唱形成的高腔山歌，浙江庆元劳动人民在香菇的种植生产过程中创作形成的集歌、舞、剧于一体的多声腔板腔体喜剧——菇民戏，内蒙古阿鲁科尔沁草原地区的牧民在游牧过程中所创作和传承的被誉为"草原音乐活化石"蒙古族传统音乐——蒙古族长调民歌等，随着生态农业的保护与发展，逐渐被大众了解和熟知，不仅促进了这些传统文学艺术作品的保护与传承，同时也为当代社会的文化发展提供了多种可选择的路径和创作的参考素材，为实现文化的多元化注入了新活力。生态农业在其发展的过程中不仅促进了与之相关的传统农耕文化、技术，以及区域内民族文化的保护与传承，而且对当代社会的文化多元化发展具有重要的促进意义。

2）历史价值

生态农业的历史价值是指生态农业帮助人们解读农业历史、农业思想、农业活动与农业文化，从而反映、证实和补全历史的价值。在历史进程中与生态农业有关联的农业活动所代表的历史与社会发展变化的相关信息，能体现明显的时代特征，蕴含着历史时期农业活动的多方面信息，这些信息能够帮助人们解读自己的农业历史、农业思想、农业活动与农业文化，认识一个民族或族群的农业文化或一个地区的农业历史文化发展相关的方面，具有重要的认识价值和借鉴作用（李明和王思明，2015）。

多年来，农业的稻作起源一直是国际考古学界和农学界的一个热门话题。稻作起源于何时何处，半个多世纪以来一直争论不休。遗传学家瓦维洛夫肯定了我国是世界上最早、最大的作物起源中心之一，却认为水稻起源于印度。20 世纪 30 年代，在位于我国江西的传统生态农业区——万年稻作文化系统，出土了目前世界最早的栽培稻植硅石标本，这一发现将浙江河姆渡发现的中国稻作历史提前了近五千年，为水稻长江中下游起源说提供了极为有力的证据，同时也为证明中国是世界水稻起源地提供了重要的科学证据，江西万年由此成为世界稻作之源（洪涛和杨艳，2009）。自 20 世纪 50 年代以来，农业考古事业蓬勃发展，各地尤其是长江中下游出土的稻谷标本年代越来越早，远远超过印度及东南亚其他国家，长江中下游是稻作起源中心之说逐渐受到全世界的关注。此外，还有对云南普洱古茶园的茶树起源及内蒙古敖汉旱作农业系统的粟和黍起源的研究，也都为反映和证实区域的农业历史起到了重要的促进作用。生态农业在农业的起源及历史考古等方面发挥了重要的证实、补全历史的作用与价值。

3）科研价值

生态农业的科研价值是指生态农业作为一种科学研究的资源和信息的载体所具有的科学研究价值。我国的生态农业植根于中国的文化传统和长期的实践经验，并高度适应其所处的自然环境，其在发展与实践过程中所形成的种质资源培育、生物资源利用、水土资源管理、农业景观保持等方面的本土知识和适应性技术，对促进农业对气候变化的适应，以及加强农业的水土保持功能、养分循环等方面的科学研究具有重要的参考价值和借鉴意义，使其成为开展科学研究的"天然实验室"（闵庆文和张碧天，2018）。

以云南哈尼梯田为代表的我国西南地区稻作梯田系统，具有森林、村寨、梯田、水系"四素同构"的系统特征，山顶森林具有良好的水源涵养功能，土壤透水能力好，可以形成自流灌溉农业生产体系，对气候变化具有良好的适应性，农业生物多样性高，是我国南方地区生态农业的典型。目前，以哈尼梯田为研究对象，学者们从生态学、地理学、农学、经济学、旅游科学及社会科学等领域，对其进行了多角度、多领域的科学研究（表6-8）。作为科学研究的"天然实验室"，哈尼梯田为各个学科和领域的科学研究提供了丰富的原材料和研究对象，同时也为解决中国农业发展面临的问题提供了相应的借鉴，具有重要的科学研究价值。

表 6-8　以哈尼梯田为对象进行的相关科学研究列举

研究领域	主要研究内容	文献
生态学	哈尼梯田湿地生态系统的垂直特征分析	姚敏和崔保山，2006
	云南元阳哈尼梯田土壤养分垂直变异特征研究	文波龙 等，2009
	哈尼梯田生态系统森林土壤水源涵养功能分析	白艳莹 等，2016
	哈尼梯田景观水源区土壤水分时空变异性研究	宗路平 等，2015
	哈尼梯田农业生态系统水资源管理	杨京彪 等，2018
	哈尼梯田湿地景观水体富营养化及截留效应评价	查智琴 等，2018
	元阳哈尼梯田降水和蒸发量变化特征及趋势分析	段顺琼 等，2011
	亚热带山地梯田农业景观稳定性探析	角媛梅 等，2003
	云南红河哈尼梯田生态系统的资源植物多样性与传统知识	张晴 等，2022
地理学	哈尼梯田景观空间格局与美学特征分析	角媛梅 等，2006
	哈尼梯田土地利用空间格局及其变化的信息图谱研究	胡文英 等，2008
	红河哈尼梯田空间分布特征研究	刘宗滨 等，2016
	红河哈尼梯田世界文化景观遗产的遥感监测与土地覆盖化	王臣立 等，2021

续表

研究领域	主要研究内容	文献
农学	中国云南元阳哈尼梯田种植的稻作品种多样性	徐福荣 等，2010a
	云南元阳哈尼梯田两个不同时期种植的水稻地方品种表型比较	徐福荣 等，2010c
	云南元阳哈尼梯田地方稻种的主要农艺性状鉴定评价	徐福荣 等，2010b
	云南元阳哈尼梯田水稻地方品种月亮谷的遗传变异分析	董超 等，2013
	云南哈尼梯田当前栽培水稻遗传多样性及群体结构分析	刘承晨 等，2015
经济学	哈尼梯田地区农户粮食作物种植结构及驱动力分析	杨伦 等，2017
	生态功能改善目标导向的哈尼梯田生态补偿标准	刘某承 等，2017
	自媒体旅游信息价值对生态保护型景区旅游者消费决策行为的影响	杨路明和马孟丽，2018
	农业文化遗产地有机生产转换期农产品价格补偿测算	张永勋 等，2015
旅游学	云南红河哈尼梯田世界遗产区生态旅游监测研究	张生瑞 等，2017
	社会网络分析视角下世界文化遗产地旅游发展中的利益协调研究	时少华和孙业红，2016
	旅游社区灾害风险认知的差异性研究	孙业红 等，2015
	农业文化遗产地社区居民旅游影响感知与态度研究	张爱平 等，2017
	遗产地旅游发展利益网络治理研究	时少华和孙业红，2017
	探索梯田可持续旅游发展路径	Wall et al.，2014
社会科学	哈尼族传统家庭养老方式的现代恢复与发展	王清华，2016
	民族文化记忆和人类文化记忆的融合	郝朴宁和郝乐，2014

4）科普教育价值

生态农业的科普教育价值是指生态农业在促进传统农耕文化的科学普及和实践教育等方面所具有的价值。科学普及是一种传播科学思想、倡导科学方法、弘扬科学精神的社会教育。生态农业是中国传统农耕文化的代表和对外展示的窗口，具有重要的科普教育价值。

生态农业为传统农耕文化的科学普及提供了重要的创作原材料，同时也拓宽了科普的题材范围。生态农业是我国农业的智慧典范，具有独具特色的农耕文化、传统技艺，以及适应性的自然资源管理知识，为传统农耕文化的科学普及提供了很好的选题和原材料。2019年10月，农业农村部农村社会事业促进司、中国农学会以"浙江青田稻鱼共生系统""浙江庆元香菇文化系统"为选题基础，选取每个系统最独具特色的传统技艺，以此为核心进行切入，运用系列卡通人物形象、深入浅出的故事情节对两个农业系统的传统技艺进行推广和展示，促进了我国重要农业文化遗产保护研究成果的交流与实践经验分享。此外，还有孙业红、焦雯珺等以传统农业文化遗产系统为原型，编制和创作了"全球重要农业文化遗产故事绘本"的农耕文化原创科普绘本，以儿童的语境、视角，讲述中国农耕文化的传统智慧，开辟了农业文化遗产科学普及的一个新领域，同时也促进了我国农业科普的发展。

生态农业区也是良好的传统农耕文化体验与教育基地。我国有着悠久的农业文明历史，农业在发展过程中形成了丰富的文化、历史、地理、背景与内涵，并且富有区域特色和民族特色。合理利用这些资源能有效发展地方经济，继承与传播文化遗产，对弘扬历史、增强民族自信心等具有非常重要的作用。生态农业建立在对传统农业精华的传承和发展的基础之上，生态农业区不仅是科研工作者研究的"天然实验室"，更是广大民众认识农业、接受中国传统农耕文明教育的"大课堂"。例如，浙江青田稻鱼共生系统，通过农业科普教育＋研学旅行基地设计的方式，以农业科学知识、农耕历史文化、生态环保理念和动手设计、农事体验为主题元素，充分利用稻鱼共生系统的农业种植业、养殖业、农产品加工业、农业生态环境及乡村民俗文化等资源来规划建设游学体验活动的休闲农业基地，以通俗易懂和趣味参与的方式向社会大众普及自然科学、农业生产和生态环境知识，使该系统所在的区域成为学习、体验、传播传统农耕文化和农业生产知识的教育基地和平台。

5）审美休闲价值

生态农业的审美休闲价值是指其带给人们精神上或情绪上的审美感染力，以及在其中进行休闲娱乐、放松身心等所具有的价值。生态农业的审美价值是农业社会所独有的属性，与生产实践紧密结合。生态农业的审美休闲价值主要体现在审美体验上。我国的生态农业植根于中国的文化传统，并与区域所处的生态环境共同构成了极具地域特色、类型丰富多样的农业景观，在形象、色彩、意境、风情及艺术等方面具有极高的多样性与丰富性，反映了人们不同的审美观，以及不同时空下人们对美的理解与追求。例如，云南哈尼梯田规模宏大、秀美迷离、变化万千，具有"人间仙境，世界奇观"之称，具有突出的审美体验价值。河北涉县旱作石堰梯田地区的人们通过对自然环境的长期适应和积极改造，充分利用有限的水土资源和丰富的石灰岩资源，创造性地开垦了规模宏大的石堰梯田。经过长期的演化，石堰梯田与山顶的森林和灌丛、山谷的村落和河滩地形成了独具特色的景观结构，层层叠叠的石堰梯田由山脚至山顶，纵横延绵近万里，如一条条巨龙起伏蜿蜒在座座山谷间。随着季节的变幻，整个系统呈现不同的景色，展现了震撼人心的大地景观，给人以非凡的审美体验。

6.4.3　生态农业的文化价值评估

戴维·思罗斯比（2011）在《经济学与文化》一书中指出，要对文化价值进行评估首先必须将文化价值这个复杂抽象的概念解构成几个简单、具体、易于把握的构成要素，然后根据各个要素的特点采用合适的方法进行评估。由于文化价值本身具有复杂、抽象、较难量化等特点，因此可综合采用定性和定量相结合的方法对其进行评估。在进行定量评估时，目前的相关研究多采用主观性较强的价值评估方式来间接地反映其价值（戴培超 等，2019）。有学者在对西北干旱半干旱区农业的文化价值进行评估时，采用了旅行费用法，旅游费用的支出视为人们对旅游价值的意愿支出，用旅游收入替代来评估农业的文化价值（谈存峰和王生林，2012）。秦彦等（2010）采用间接价值评估法和费用支出法估算了张家界森林公园的文化功能价值，研究结果表明，仅采用费用支出法估算其结果变化较大，采用间接价值评估法估算的结果较稳定，并且认为通过综合利用费用支出法和间接价值评估法来了解森林公园文化价值的变化情况，结果更可靠。此外，也有学者建立传统知识的重要性指数来反映农业文化遗产系统对传统知识与文化的传承价值，认为相关农业文化遗产系统内相关传统知识与文化的遗产项目数量越多，入选的名录级别越高，重要性也相应越大，农业文化遗产系统的传统知识与文化传承价值越高（徐远涛 等，2013；何露 等，2010）。

总的来看，目前对文化价值，尤其是对生态农业文化价值评估的相关研究还处于初始阶段。从生态农业的文化价值内涵来看，主要是指生态农业对文化发展所起的积极作用，其"价值"基本等同于"功能"（李明和王思明，2015）。因此，其价值评估在一定程度上可视为对生态农业所具有的文化功能的定量估算。目前，对生态系统文化服务功能评估的研究，已经成为生态系统文化服务研究的热点，相关研究也有了一定的基础（戴培超 等，2019）。因此可借鉴生态系统文化服务评估的相关研究方法，对生态农业的文化价值进行评估。

2005 年 MEA 项目发表的报告中将生态系统服务分为支持服务、调节服务、供给服务和文化服务 4 类，其中文化服务被定义为人们通过精神满足、认知发展、思考、消遣和美学体验从生态系统获得的非物质收益（World Resources Institute，2003）。目前关于生态系统文化服务价值估算中，货币化处于主导地位，文化服务价值货币化估算方法主要可分为直接市场法、间接市场法、意愿调查法三大类。其中，意愿调查法和间接市场法中的旅行费用法、享乐价值法常用来估算美学及休闲游憩价值（戴培超 等，2019）。生态系统文化服务价值定量化评估方法如表 6-9所示。

表 6-9 生态系统文化服务价值定量化评估方法

生态系统文化服务类型	评估方法	方法介绍
垂钓游憩	意愿调查法	利用调查问卷直接引导相关物品或服务的价值，所得到的价值依赖于假想市场和调查方案所描述的物品或服务的性质

续表

生态系统文化服务类型	评估方法	方法介绍
森林游憩	旅行费用法	通过人们的旅游消费行为来对非市场环境产品或服务进行价值评估，反映了消费者对旅游景点的支付意愿
海岸游憩	意愿调查法、旅行费用法	综合了意愿调查法和旅行费用法的特点
海洋游憩	支付意愿法	指消费者接受一定数量的消费物品或劳务所愿意支付的金额，是消费者对特定物品或劳务的个人估价，带有强烈的主观评价成分
岛屿、红树林文化服务价值	离散选择试验	通过个体协变量解释所观察到的在离散对象中进行的抉择

第7章

现代生态农业的保障措施

7.1 以生态补偿为核心的经济激励保障

7.1.1 建立多元长效的农业生态补偿机制

现代生态农业生产一方面可获得安全健康的高品质农产品,在完善的市场机制下可转化为农户的经济收益;另一方面,现代生态农业是多功能农业,不仅体现在经济价值上,更具有生态服务价值和文化价值(李文华 等,2010)。农业生产者仅能在市场中获得相应的经济价值,其生态服务价值和文化价值难以实现,如何克服这种生产的正外部性内部化问题是生态农业生产可持续发展的重要保证。为此,对这些无法在市场中获取的外部收益,需要建立有效的生态系统服务购买机制或生态补偿机制,从而实现农户和政府的双赢,以及经济效益与生态效益的双赢。2015 年以来,我国农业补贴开始由价格补贴、直接补贴向生态补偿(如草原补奖政策、耕地质量保护与提升补贴、畜禽粪污资源化利用补助等)转变。

农业生态补偿机制应具有多元性。①以国家财政为基础,建立国家补偿机制。明确各级财政对生态农业投入的责任,中央财政应承担全国范围或者跨地区的项目支出,对于省级及跨市级的项目支出,应由省级财政掌握投入;市、区、县财政应在承担本区域农业工程设施建设与养护项目的基础上,推广先进适用的生态农业技术。②以企业和社会为补充,建立区域内补偿机制。区域内补偿机制包括开发者补偿、受益者补偿和资源性补偿。例如,矿区的开发造成了小流域的生态破坏,开发者应该支付一定的补偿金用于生态恢复和小流域生产。大型水电站、水库等受益部门和单位应当支付一定的补偿金用于源头区、水源涵养区森林和植被等的生态保护和建设。

此外，政府应配合直接补偿机制，为促进生态农业发展提供税收优惠。对生产经营生态农产品的企业适当减免增值税或其他相关的税种；对从事现代生态农业生产经营的企业、家庭或个人，如果将其所得用于生态农业的扩大再生产，应当退回该部分所得税。类似税收减免措施可以增强生态农业主体的市场竞争力，鼓励其扩大生态农业的再生产。

7.1.2　建立财政引领的补贴和融资机制

政府应充分发挥财政投入引领作用，引导多元资本流向生态农业建设。在生态农业投融资体系建设中，财政投入起着引导、带动社会资本向生态农业领域投资的杠杆性作用。通过有限的财政投入撬动大量金融机构和企业参与生态农业建设。一方面要加大财政支持力度，优化财政投入结构，发挥其"四两拨千斤"的杠杆作用。①财政投入要向生态农业基础设施建设倾斜，在灾害防治、水利建设、生态环境保护与治理、清洁能源等领域加大投入，改善生态农业发展的基础条件（邵晓琰，2009）。②财政投入要向生态农业科技研究领域倾斜，加强农业科研院所的研究投入，加大生态农业技术推广机构的建设投入。③财政投入要向引入社会资本的项目倾斜，运用财政资金对社会资本参与生态农业建设的重大项目给予投资补助和贴息贷款，激励社会资本向生态农业领域投资。加强政策引导，通过推广公共私营合作制（public-private-partnership，PPP）来引入社会资本，盘活存量资金投入生态农业重点建设项目。④财政投入要参与建立生态农业投资公司、基金公司和担保公司，进一步增强财政资金的杠杆作用。另一方面要利用财政资金建立农业生态补偿机制。改革农业补贴制度，调整农业补贴结构，将直接补贴与价格补贴转变为生态补贴，向绿色生产环节投入，建立全方位、多层次的生态农业生态补偿机制。

此外，应强化生态农业财政补贴机制。从宏观调控的角度来看，可以采取如下措施。①加强对生态农业科技研发的技术补贴,包括对科技人员培训、生态农业科研项目支撑、生态农业技术推广和成果转化的补贴等。②加大对相关基础设施的补贴,加强农村信息化基础设施建设、农田水利设施建设、农村水土保持、村居环境改良等方面的推进力度。③建立农业保险的保费补贴,鼓励农业从业人员开展符合现代社会生态农业定位的相关产业,并给予投保人保费补贴。采取政府补贴占大头、农户适度自筹部分保费、专业保险机构承办农业保险的形式,通过政府引导、农户自愿、专业保险机构承办相结合的方式,建立健全农业风险保障体系,助推生态农业的健康发展。

7.1.3 完善生态农业发展的风险管控机制

农业生产周期长、受各种自然灾害影响概率大等特点使其天然地具有弱质性特征,生态农业亦然,并因其对自然条件、生产过程和产品品质的要求更高加剧了自然风险和市场风险。为此,应建立完善的生态农业风险管控机制。

首先,生态农业建设需要形成完善的生态农业生产、加工、销售全方位法律法规体系,这是生态农业发展的重要基础(薛兆玲,2017)。完善的法律法规体系可保障生态农业不受人事、机构变动的影响,从而规范生态农业建设行为,提高农户参与生态农业建设的积极性(高春雨等,2009)。目前与生态农业直接相关的法律法规比较分散,建议尽快建立统一的法律法规对此进行支撑和指导。以法律法规的形式明确说明生态农业的内涵,梳理目前与生态农业相关的法律法规并将与生态农业发展有关的规章制度都统一到这一独立的法规里面,加以有效实施。应明确规定关键的经济激励机制(补贴制度、税收制度、生态补偿制度、信贷融资制度等),并对有悖于生态农业发展的行为所应该承担的法律责任予以规定。

具体而言,生态农业建设的法律法规保障体系主要包括 5 个方面内容:一是农业生产资料的使用规范,用于规范化肥、农药、种子、农膜、饲料添加剂、畜禽抗病毒药物等的合理使用;二是农业生产废弃物的处理与利用规范，主要针对畜禽粪便、秸秆、农村生活污水与垃圾排放等的规范化处理；三是生态农业资源与环境保护及资源循环利用的相关法律法规，主要针对农业土地、水，草原、森林、渔业和农业生物种质等资源，以及农业生态环境和生物多样性的保护利用法律法规；四是生态农业建设管理制度规范，包括农业农村建设项目的生态环境评估制度、生态农业管理机构设置制度、农业污染物排放许可制度、公益诉讼制度、农业受工业等外源污染的举证转移制度等（刘朋虎 等，2017）；五是生态农业投融资发展的法律法规，包括对《中华人民共和国商业银行法》《中华人民共和国保险法》《中华人民共和国证券法》中有关农业投融资的条文进行修改、补充和完善，形成生态农业投融资的法律法规，使生态农业投融资有法可依（胡雪萍和董红涛，2015），同时也要为实施多样化融资方式创造制度条件，特别是推进土地制度改革，包括农地承包经营权抵押制度与农村宅基地抵押制度的改革与设计，通过土地抵押，释放土地作为流动性资产，拓宽农业融资渠道，为生态农业的发展提供资金支持。

生态农业法律法规体系建设的推进需要国家与地方形成合力。在国家立法的基础上，各地应将生态农业建设的总体规划纳入地方法规。针对本地区生态农业发展模式和发展目标，制订相应的生态农业总体规划。地方也应在梳理法律法规的基础上，侧重于补充完善该地区具体执行的生态农业相关标准（产地环境标准、生产技术标准，产品质量标准、包装储运标准和综合管理标准等），尤其要重视农田化肥使用超量、农田灌溉超定额、秸秆大田燃烧、畜禽粪便不经处理排放、海洋河流禁渔期捕鱼等严重危害生态环境的农业行为的法律"红线"标准。地方立法应使生态农业建设规划成为本地区必须执行的地方法规，从而有效提升产能，推动农业高效可持续发展。

其次，生态农业建设需要政府协调降低市场风险，树立生产者和消费者的信心。政府在促进生态农业产业化发展中发挥着核心的作用，主要体现在以下几个方面。第一，规范生态农产品市场的运转，加强制度建设，维护市场公平与信息公开，做好市场交易的裁判员与监督员。第二，建立完善生态农产品的质量安全标准体系和产品认证体系，确保生态农产品的品质。第三，建立促进生态农业产业化发展的财政金融扶持政策和激励补偿政策。生态农业具有公共品属性和正外部性，私人部门的投资无法达到最优水平，因此需要政府扶持来努力拓展多层次、多元化的生态农业产业发展投融资的资金来源，创新政府财政与金融保障体系，构建完善的生态补偿政策体系。此外，政府也可以参与生态农业保险体系的构建，通过承担一部分保费，或者政府以投保人的身份直接为生态农业的生产经营者投保，以提高其抵御自然灾害的能力。

最后，探索建立生态农业建设的保险保障机制。生态农业的弱质性与高风险性使风险保障在其投融资中发挥着重要的作用。无论对投资者还是生产者而言，保险都为他们提供了有效的安全屏障，在规避投资风险的同时，也增加了经营者的收入，增加了生态农业技术创新扩散的程度（陈莫凡和黄建华，2018），从而形成再投资的良性循环，维持了对生态农业的可持续性支持。可以说，完备的风险分担机制可以有效支撑投融资体制的长期有效发展（Mirand and Vedenov，2001）。一是要建立政策性保险和商业性保险相结合的生态农业保险体系。继续加大政策性保险对农业自然灾害风险保障的覆盖面，增加农产品价格的风险保障。在以政策性保险为核心的基础上，鼓励商业保险积极参与互助合作保险，政府提供监管并为其相关的生态农业保险险种提供财政补贴。二是要建立生态农业再保险体系。生态农业面临的风险高、风险种类多，单个商业保险机构难以承担可能的赔偿责任，为此，有必要建立再保险机制，以使风险由多保险人分担，从而促进生态农业投融资保障机制的有效运转。三是利用期货市场，适时推出相关的生态农产品期货品种，发挥农产品期货市场在价格风险规避方面的作用，降低生态农产品的市场风险。

总体而言，探索适合我国生态农业发展的保险模式，不仅要以国家政策鼓励现有商业保险公司代办政策性农业保险、股份制农业保险公司、农业保险合作社等，多形式多渠道发展农业保险，更重要的是推动中央或地方建立政策性农业保险公司，从而保障生态农业的稳定和可持续发展。

7.2 以提升系统为目标的科学技术保障

7.2.1 推动多元主体参与科技创新和推广

工程化、标准化和项目化是未来生态农业发展的趋势（高春雨 等，2009），通过整合农业科研院所和农业高校的科研力量，不断加强生态农业的基础理论、关键应用技术和典型工程模式的攻关研究，逐步构建完善的生态农业科研创新体系，为生态农业建设和科学管理提供技术支持。要不断深化农业科技体制改革，加快生态农业技术的推广应用，通过农科教、产学研结合，加快科研成果的转化，进一步加强各级农技推广机构的建设，使其成为生态农业科研成果与农业生产组织之间的有效桥梁。同时，要充分利用现有的农业高校教育体系、农业技术推广体系和生态农业示范点等有效资源，加强生态农业教育与培训工作，形成以生态农业为核心的能力建设体系，不断提高管理人员、业务人员、技术人员和广大农民的各项与生态农业建设相关的能力。因此，应及时改变当前生态农业科技创新和推广体系中条块分割与行政命令推动的弊端，提高农业科技转化效率。

1. 应努力构建多元主体参与的新型生态农业科技服务体系

第一，政府是生态农业科技创新和推广的投资主体，要不断加大财政投入的力度，通过政府主导的公益性投资来弥补公共品供给不足的缺陷和私人部门的市场化投资来弥补投资效率低的缺陷。一方面，需要对政府举办的科研院所与高校加大投入；另一方面，对私人部门在生态农业科技的投资要实行政策倾斜，加大对企业、合作组织和农户的良种补贴和技术采纳补贴。研究显示，政府补贴投入有效降低了生态农业技术扩散的"门槛"，对生态农业技术的创新扩散起到显著的正向作用（陈莫凡和黄建华，2018）。通过这两条路径，最终有效地发挥自上而下行政命令与自下而上市场交易相结合的作用，使政府科研机构与新型经营主体成为生态农业科技的创新源，通过产业链与技术链的双向融合形成生态农业创新和推广的良性循环结构（曹博和赵芝俊，2017），在赋予公共部门与私人部门（新型经营主体）新责任的基础上，最大限度地激发其创新积极性。

第二，在加大政府投入的前提下，不断拓宽新的资金来源渠道，制定政策吸引社会资本投资生态农业科技服务业，或设立农技推广基金，形成多元化的投资体系，从而改善生态农业科技创新和推广的条件。通过引导这些多元主体参与，可有效优化生态农业科技资源的配置，建立跨行业、跨学科与跨部门的协同创新联盟，联盟主体发挥各自优势，实现资源的有效整合，从而提高创新效率和综合竞争力。当前应加强企业与科研院所、政府机构间的协同创新关系，构建以企业为主导的产学研联动新模式。

第三，加强产学研合作，形成政府、科研院所、高等学校、农业企业、合作经济组织和农户参与的多元化农业技术推广网络（胡平波，2018）。在生态农业科技研发中实行科研人员、农技人员与生产者共同参与，促进科技与生产的有机结合，更好地将生态农业科技创新与其应用相结合，提高生态农业科技的适应性与转化率。加强"专家-技术员-企业（科技示范户）-农户"的技术指导，形成有效的生态农业推广系统，从而促进技术的广泛应用。

2. 应完善生态农业科技成果推广的激励机制

生态农业科技是不断发展的新型科技，随着研究的深入，新方法、新技术与新模式不断涌现。生态农业科技创新是一项高投入、高风险的活动。因此，应建立有效的生态农业创新与成果转化的保护与激励机制，以促进其可持续发展。

第一，建立健全知识产权保护制度，保障创新者在生态农业科技的研发与转化中能获得相应的预期收益，加大知识产权保护力度和知识产权利益分享机制，为建立现代生态农业研发与科技创新体系提供激励保障，使企业有意愿投资新型生态农业科技的研发（高道才和林志强，2015）。为此，应成立政府农业知识产权管理与监督机构，加大知识产权保护和处罚力度，确保政府研发部门和企业投资生态农业研发的利益；建立基于市场的知识产权利益分享机制，理顺政府研发机构、科研人员和企业的利益关系，促进国家利益最大化和农业科技产业的发展。

第二，针对生态农业科技的公益性，建立和完善生态农业科技研发与成果推广的奖励制度、生态农业科技创新成果的政府采购制度等。

第三，完善农业科技人员的考评体系，将科技成果转化与推广程度纳入考评体系。

第四，对新的生态农业科技的采用要建立风险储备金制度，为生产者提供保险保障。引导成立农业保险公司，通过政府支持、市场化运作的方式运营，逐步提高农业保险在生态农业发展中的保驾护航作用。

3. 要深化农业科研体制改革

要深化农业科研体制改革，为建立政府与企业相辅相成的农业研发与科技创新体系提供制度保障。一方面，要明确政府研究机构的公共职能，在弄清基础研究、应用基础研究和应用研究，以及公益性研究和商业化研究的基础上，从国家农业科研体制和政府投入机制着手，探讨政府研究机构的改革方案，以加强政府研发部门的基础研究与应用基础研究、公益性研究和信息共享平台研究等，逐步分离非公益性与商业化的研究职能。另一方面，在推进政府研发部门改革的同时，制定国家扶持政策鼓励企业引进人才，吸引政府研究机构中从事商业化研究的研究人员来企业工作。

7.2.2 强化基础设施与信息化建设力度

生态农业科技成果转化需要良好的农业生产基础设施建设。其中，农业信息化建设是促进生态农业技术推广的必要保障。应构建完善的生态农业基础设施体系以保证生产的有序进行。生态农业基础设施建设主要包括 3 个方面。第一，以农田水利设施建设为核心的高标准农田建设。通过灌区更新改造和配套设施建设、节水灌溉设施建设与技术推广、小型水利设施建设改造，以及相应的配套管理制度的建设，形成有效的服

务于生态农业的农田水利设施建设体系。第二，以植树种草、退耕还林
（草）为中心的农田生态环境建设。第三，生态农业信息化基础设施建
设。信息化对生态农业产业化发展至关重要，要发挥政府在生态农业信
息化基础设施建设中的作用，统一规划、部署和组织实施农业信息网络
基础设施建设，建立健全相关的管理系统和数据库。在此基础上建立生
态农产品第三方监测、预警和信息公开服务平台，及时发布农产品产地
的生态环境和农产品质量安全状况，从而降低生产者与消费者之间的信
息不对称程度，保障消费者的知情权、选择权和投诉权（高尚宾　等，
2019），同时也保证生态农业的可持续发展。

　　加强生态农业科技服务的信息化体系建设。一方面，要加强农业信
息化基础设施建设，在构筑良好硬件设施系统的基础上，开发各类生态
农业科技服务数据库与信息收集、发布系统，包括农村科技信息服务系
统、生态农业资源与环境监测系统、病虫害监测预报系统、生态农业专
家系统等。将广大生态农业经营者的终端接入系统，使生态农业技术创
新机构、推广机构与使用者联系起来，推动研发、转化、推广、应用的
有机结合，从而促进生态农业技术供需之间的有效耦合。通过实时交互
系统保证生态农业科技的使用者能够获得及时的服务，保证在生态农业
发展中充分发挥技术的作用。另一方面，为提高生态农业科技成果的转
化速度与效率，可建立服务于生态农业科技成果转化交易的信息服务平
台，解决交易前后各主体间的信息不对称问题，推动生态农业科技资源
有效配置和提高市场化效率。

7.2.3　优化产业标准化科学评估与认证

　　生态农业以生态科学为基础，其建设要以制度化的方式使其生产过
程与产品标准化和规范化，从而保证其生产质量的可靠性和稳定性，并
通过适宜的标准和认证体系强化产业发展的科技含量。生态农业标准化
与认证体系建设、信用体系建设是生态农业发展投融资体系建设的两大
基础性保障。我国生态农业标准化与认证体系建设较为落后，仅有《全
国生态农业建设技术规范》和一些政策性导则指导标准化生产，生态农

业认证的具体标准和生态农产品认证体系并未形成。生态农业具有正外部性，基于此的相关财政补贴、绿色信贷等都需要有明确的、可操作的生态农业标准依据。一方面，要加快建立、完善生态农业认证标准和生态农产品认证体系，对农业生态环境建设及生态农业生产、加工、销售、产品标志和市场准入等制定标准，依据标准开展相应的第三方认证，为生态农业投融资机制建设打下良好的基础。另一方面，要尽快建立生态农业信用体系。加快建立信息搜集、加工与共享机制，完善信用信息数据库和信息共享平台，建立规范的信用评价机构，不断完善、优化信用环境，建立信用缺失的监督与惩戒机制，使信用评价在生态农业投融资的差别化管理中发挥出其应有的作用。具体而言，其制度建设包括以下几方面。

第一，生产标准化制度，即制定生态农业建设的基本标准。要明确生态农业生产的景观建设标准、生物多样性利用标准、资源节约与替代性技术标准、环境保护技术标准、循环农业体系标准、生态农产品生产标准；要制定生态农业的基本管理条件，形成可有效指导生产的系列规范；要制定符合区域条件的生态农业生产模式和实用技术的地方标准；同时要构建生态农业建设的评估体系，以此为依据，优化政策与技术，引导区域生态农业的健康发展（刘朋虎 等，2017）。

第二，对农业经营单位开展的生态农业认证制度。规范生态农业界定，包括指标体系构建、认证核查制度、信息公开制度、诚信记录制度、认证激励制度和认证程序制度等（骆世明，2018）。

第三，生态农产品认证与品牌建设。生态农产品是典型的信任品（胡光志和陈雪，2015），消费者难以通过外观、口感等手段鉴别出其与一般农产品的差异，同时也难以直接感受其给自己的健康带来的正面影响，这种信息不对称很容易导致农产品市场中劣币驱逐良币情况的发生，使市场中充斥以次充好、质劣价优的产品，最终导致生态农产品市场消失，进而影响生态农业的发展。如何在市场中体现生态农产品优质优价的特点，则需要通过具有权威性的产品认证来体现，需要建立可靠的生态农产品评估认证机制，通过科学、权威的认证体系使生态农业生产的农产品与一般农产品严格区分开来，同时通过有效的品牌建设获得市场的认可，从而真正体现生态农产品的价值，使供给者获得实实在在的好处。

7.3　以匹配供需为目标的社会组织保障

7.3.1　建立多方合作的产业化管理体系

随着经济的发展和人们生活水平的提高，当前社会的主要矛盾逐步转化为人民日益增长的美好生活需要和不平衡不充分的发展之间的矛盾。在此背景下，消费者的消费需求开始转型升级，对产品品质提出了更高的要求。在农产品消费领域，生态绿色产品获得越来越多消费者的认可，生态农业开始进入社会生态农业时代，逐渐强调农产品生产的个性化和定制化服务，并依托农事、景观等农业的多功能性丰富农村经营活动，为消费者提供更为丰富的物质和精神产品，缩小消费者与生产者之间的距离，减少农产品中间流通环节带来的成本增加和食品安全风险，让生态农业的生态要素与人文资源联动，为生态农业发展赋予新的内涵和增值空间。为促进生态农业的多方参与和社会化发展，应首先优化现有农业产业结构，建立产业管理体系，提升产业效率，加强专业化分工，从而为社会生态农业创造人员条件。

优化农业产业结构应当优化区域农业产业结构布局。农业产业结构优化是在区域资源禀赋基础上，通过市场化选择形成生态农业主导产业的过程。它是生态农业专业化生产与区域合理分工的结果，对生态农业专业化生产、规模化经营和产业化发展十分重要。农业产业结构优化首先要实现区域农业产业布局的优化，然后通过新品种开发和经营方式转变与重组逐步实现。

优化农业产业结构需要强化产业化发展管理体系。调整农地产权制度，促进土地的合理流转。合理的土地流转使细碎化的农地得以集中，一定程度上化解了小农生产与生态农业规模化、集约化经营的矛盾，有利于标准化生产的管理，可有效提高劳动生产效率，促进生态农业的产业化发展。将企业、农户、中介组织、科研机构等纳入系统中，形成产供销一条龙、农工商一体化的格局。具体表现为：第一，加强政策引导企业、农户参与生态农业产业化工作，形成"公司＋农户""龙头企业＋基地"等经营方式；第二，大力发展各类行业协会、合作社等中介组织，提升生态农业产业链条中的专业化分工程度，形成第一二三产业的有效融合，提升生态农业产业化体系的盈利能力；第三，构建合理的土地流转制度，进一步推进农地产权制度改革，在土地所有权、承包权、经营权"三权分置"要求下，落实集体所有权，稳定农户承包权，放活土地经营权，使农地以多种形式因地制宜、因时制宜地合理流转，向适度规模化经营转化。

为配合社会生态农业发展，应培育新型农业经营主体，充分发挥龙头企业的示范引领作用。要因时制宜、因地制宜地培育新型农业经营主体，针对不同类型的经营主体及其所在区域和产业的特点，加强培训、引导、规范和监管。引导龙头企业和农民合作组织向生态农业产业链的薄弱环节发展，强化家庭农场和新型职业农民的职业技能培训，不断完善对新型农业经营主体的扶持政策体系，努力促进其快速健康发展，从而充分发挥各经营主体在生态农业产业化发展中的作用，尤其是要注重发挥龙头企业在生态农业产业化发展中的作用。以区域特色农业优势资源为依托，通过资源优先、技术支持、财政扶持、税收优惠等方式培育发展一些有影响力的大型生态农产品企业，发挥龙头企业的带动作用，推进生态农业产业链一体化的形成。

7.3.2　完善社会化服务与信息保障体系

生态农业产业化发展管理体系的各环节需要更为完善的社会化服务，由多元社会化服务组织共同保障农业全产业链。

1. 完善金融信贷社会化服务体系构建

金融机构是生态农业发展中资金的主要供给者，要建立政策性金融机构、合作性金融机构和商业性金融机构分工协作的现代农业金融服务体系（敬志红和杨中，2016）。在旧有的农村信用合作社纷纷改制为地方商业银行的背景下，亟待在农业经营主体内重构合作性金融体系，实现资金互助和信用担保，为生态农业发展提供精准服务。具体包括以下几个方面。

一要发挥政策性金融的引导作用。政策性金融是农业生态补偿中一个重要的资金支持渠道。中国农业发展银行和国家开发银行作为我国主要的政策性银行，应当解决农村地区生态资金的内引外联问题，发挥区域融资功能，开展绿色信贷，为农业生态补偿机制的构建提供稳定的金融支持。实践中应当将政策性金融的融资优势和政府的组织协调优势结合起来，在与各地政府的合作中以融资推进农业生态补偿的市场建设。通过贷款平台，使大量的环保项目得以运作，为农业重点环境保护区域和重大环境保护项目提供大额政策性贷款支持。政策性银行也可以提供技术援助贷款，积极参与和支持编制环境保护规划，在贷款期限、贷款利率等方面向环保项目提供政策倾斜，积极探索新的金融工具，为环保企业提供灵活、便利的金融服务。

二要发挥商业性金融机构的主渠道作用。鼓励金融机构在农村设立分支机构，鼓励和引导金融机构向生态农业发展提供资金，通过设定生态农业贷款在总放贷量中的最低比例、提供优惠利率、简化对生态农业贷款的审批标准、提高不良贷款容忍度等方式向生态农业倾斜，对由此形成的利息损失和风险增加要给予相应的政策支持，如财政补贴利息差，建立有效机制将风险向农业担保公司和保险公司转移。

三要发挥金融业务创新的作用，形成多元化生态农业投融资渠道。在生态农业产供销各环节为优质企业开展股权、债权融资提供通道，大力发展股权或债权投资计划等融资工具，支持符合条件的农业企业通过股票市场直接融资。同时，引导各类租赁公司、农业发展基金、保险基金、工商资本等对高效生态农业进行投资，形成多主体参与、互为补充与协调的多元化投资格局。

四要加强金融惠农政策和服务的宣传培训。通过宣传培训让农户了解相关的金融支农政策，普及基本金融知识，消除农户心中的金融误区，增强其利用金融产品的信心和能力。这既有利于金融机构的业务开展，也有利于农户更好地选择金融产品，提高金融服务的精准度。

2. 要完善生态农产品信息公开机制和监督检查机制

农产品生产周期长，受自然因素影响大，不确定性和风险较高，在加工、储存、运输和销售环节都存在安全风险，这些都对农产品质量稳定性有影响。严格的生产标准和产供销过程的不确定性使生态农产品供给的机会成本大幅高于一般性的农产品供给，从而降低了生态农业生产者的经营意愿（王宝义，2016），也提高了其机会主义行为的动机。为此，在市场环境下，有必要建立完备的信息公开机制和监督检查机制，使生态农产品供需双方信息不对称情况得以消弭，使机会主义行为无法实施，让价格机制真正发挥作用。

7.4　以育才赋能为宗旨的内外人才保障

7.4.1　加强生态农业科技人才建设

生态农业发展离不开多方面人才的努力，不仅包括科技开发人才、科技推广人才等外来人才，而且包括农村创业人才、新型职业农民等内部人才。外部人才培养的根本目的是进入农民群体、推广理念与技术。为此，可以从以下两个方面进行人才队伍建设。

第一，建立生态农业科技创新人才培养新机制。科技创新人才体系建设是生态农业科技人才队伍建设的核心，我们要立足市场需求，培养和引进包括农业基础研究、技术开发、创业管理和农业信息化等各种类型、各种层次的人才，构建生态农业创新创业人才的通力合作机制，提高生态农业科技创新与成果转化效率，促进技术的推广与应用。要建立和完善生态农业科技人才的考评与激励机制，形成以体现创新能力、成果质量和实际推广价值为核心的农业科技人才评价体系，形成经济激励、精神鼓励与知识产权保护等方式相结合的激励机制，从而有效激发人才的活力与动力。同时，要以生态农业建设项目为载体，促使科研院所、高校、企业与农业合作组织合作共建，配置和培养农业科技人才，形成产学研交流互动的新型人才培养机制。

第二，加强基层生态农业技术推广人才的培养与培训力度。基层生态农业技术推广服务机构一头联结着科研机构，另一头则联结着广大农户，是科研成果转化为实际生产力的桥梁和纽带，其人才队伍的稳定与水平的提高十分重要。一方面，通过引进高校毕业生等方式不断充实基层生态农业技术推广人才队伍；另一方面，通过建立新的体现其技术推广价值的评价机制和相应的激励机制来稳定队伍。同时，要建立常态化的培训机制，以保证基层生态农业技术推广人员的技术更新，从而更好地服务基层、服务农民。

7.4.2   加强新型职业农民群体建设

农户是生态农业技术的最终使用者，也是生态农业多功能价值转化的实践者。建立产业化管理体系、推动生态农业发展，需要一批高素质农民参与，农民赋能与赋权成为新型职业农民群体建设的重要目标，他们不仅应当拥有先进理念、技术和更强的学习能力，而且应当了解和依法行使自己的资源管理权力。为此，建议从以下 4 个方面加强新型职业农民群体建设。

第一，健全优化法律体系，确保农民教育培训法制化。农民教育培训管理的法制化是农民教育培训事业发展的根本保障。我国目前虽然在《中华人民共和国农业法》《中华人民共和国教育法》《中华人民共和国职业教育法》《中华人民共和国农业技术推广法》中对农民教育培训部分有规定，《2003—2010 年全国新型农民科技培训规划》《"十三五"全国新型职业农民培育发展规划》《新型职业农民培训规范》等进一步对农民职业培训中的培训对象、培训内容、资金投入、监督机制等问题进行了规定，但是关于农民教育培训的专项法律仍然缺位。只有将农民教育培训的相关规定上升到法律层面，才能进一步为我国农业教育培训提供充足的支持和保障。要加快农民教育培训的立法进程，需要通过立法确保农民的主体地位，明确其接受农业教育培训的权利和义务；在法律层面上对农民教育培训的组织管理、经费投入、机构设置、培训体系加以规范，强化农民教育培训的监管机制建设。

第二，政府主导，社会参与，建立统一、协调、高质的农民教育培训体系。政府相应主管部门应对培训机构、培训师资进行管理、考核及认定，对农民教育培训投入相应经费，并建立鼓励企业、社会团体等多种主体参与的机制，保障农民教育培训资金投入稳定提升。同时，整合农业科研机构、高等院校、职业院校、农业企业、农民合作社等资源，形成多层次、广覆盖的农民教育培训网络，为不同需求、不同特点的对象提供合适的教育培训服务。此外，促进农民教育培训与学历教育的融入与衔接，普及农业知识，培养高素质农业后备人才。

第三，加强农村创业人才与新型职业农民的培养。生态农业技术作为新事物，其使用存在一定的风险性和不可确定性，需要采用者具有一定的勇气和胆识，而多数农民是风险规避者。因此，那些具有一定冒险精神和勇于实践的农村精英在生态农业技术应用和推广中的作用就显得十分重要。通过加强农村创业人才与新型职业农民的培养，使他们成为第一批"吃螃蟹"者，将会形成显著的示范效应。对他们的培养与培训集中在职业技能、国家政策和创业管理等方面，使其成为农业农村发展中的核心群体。为此，要通过专家送科技下乡、农广校集中培训等多种途径加强对农民的培训，培训内容既包括种植养殖、施肥施药、病虫害综合防治等技术与操作规程，也包括生态农业、环境管理等新理念。同时要加强科技示范户的能人示范效应的影响，通过标准化示范区建设加强技术传导，增加农民科学种田与环境保护的意识。

第四，建立奖励机制以提高农民参与教育培训的积极性。在管理上，建立农业人才的认定、考核和激励机制，树立人才服务意识，提高农业人才的社会地位，为农业人才创造良好的发展环境。例如，建立农民职业资格准入体系，对持有高素质农民资格证书的农户给予政策扶持和社会认可。基于农业人才的认定给予不同程度的贷款优惠政策的倾斜、给予土地租用优先权，在创办家庭农场或者合作社的初始阶段可申请政府补贴、资助和减免税收，可以申请获得免费的或者有补贴的农业技术支持，政府补贴养老保险，子女享有优质教育资源和优先入学权等。对表现卓越的高素质农民，可以设置类似于五一劳动奖章的丰收节劳动奖章，让更多的高素质农民得到社会认可，提升农民的社会地位。在补贴发放上，农业培训资金的投放应在激发供给方积极性的同时，充分激发农民参与培训的积极性，可以试点补贴供给方与补贴需求方相结合，补贴政策的落实情况及时向社会公开，推动社会公开监督。

第8章

展　望

在生态文明建设、乡村振兴战略和"两山"理论的指引下，我国的生态农业进入了新的历史发展时期，我们肩负着生态文明建设与乡村振兴的艰巨任务，我们肩负着快速发展农村经济、促进农村社会经济可持续发展、全面建设小康社会的历史任务。生态农业应当且能够在这一历史任务中做出应有的贡献。为了实现这些目标，在今后相当一段时间里，我国生态农业的发展应当着重考虑下面一些问题。

（1）进一步完善生态农业的基本概念和基本原理。首先是对40余年广泛实践所积累的丰富经验进行深入总结，然后在此基础上，完善中国生态农业的定义、生态农业系统与目标的界定、生态农业农村部门与非农部门的联系，建立适用于多维度、多目标、多层次的生态系统类型的综合分类系统。一些错误观点存在的根本原因就是生态农业发展到现在还没有一个明晰的目标、边界和判定的标准。人们尚不明确到底达到何种程度，解决我国农民、农业农村的哪些问题才算是生态农业。生态学中的一些基本概念与原理（如整体性观点、系统性方法、能量流动与物质循环原理、生态位原理、多样性理论、稳定性理论和可持续性理论等）在以前的生态农业发展中起到了重要作用，但还需要进一步发展，特别是应当进一步开展不同生态农业类型结构与功能的研究，利用定量分析和模拟手段，将研究结果应用在精心选择的试验站点上，通过长期生态定位观测进行验证；应当对现有生态农业类型进行全面调查和综合评价，并在此基础上，建立生态农业的科学分类体系，提出适应不同地区特点的优化设计方案。

（2）进一步明确生态农业的规模与层次问题。我国的生态农业既是农业发展的一种战略决策，也是一种农业可持续发展模式。它既包含构建不同类型、适应当地生态经济条件的生态经济系统、生产组分及动植物种群结构，也包括集成的生态技术和相应的管理模式。它的应用范畴可以是微观尺度（如庭院生态农业系统、多组分相互联合的温室大棚等）、中观尺度（如复合经营的农田生态系统），也可以是宏观尺度（如以小流域为单元的景观尺度）和区域水平（如以村、县为单元）的生态系统等。一些微观尺度上取得的成功经验如何在更大的尺度上推广，存在着尺度转换的问题，需要进行科学研究；在强调生态县建设的同时，也不能忽略在其他水平和层次上发展生态农业的作用，只有这样才能动员广大群众和社会不同阶层广泛参与。

（3）进一步完善生态农业的技术体系。这是生态农业发展中比较薄弱的环节，生态农业需要高新技术的龙头带动作用和典型性强、效益好、易推广的专项生态农业技术的普及与传统技术的挖掘和提高。因此，应当重视技术引进和应用，特别是要注意无公害技术的引进和推广；重视高新技术在生态农业发展中的应用，如利用 GIS 等现代技术，逐步实现生态农业的合理布局；重视总结和推广业已取得成效的多种多样的生态农业技术，如沼气和废弃物资源综合利用技术、病虫害生物防治技术、立体种养技术等；重视其他农业发展模式技术的应用，如与精准农业技术的结合等。

（4）有必要进一步探索生态农业的评价方法，建立并完善生态农业标准，使生态农业的发展更加有序而规范。在以前的生态农业研究中，已经从经济效益、生态效益和社会效益的综合角度对其进行了分析与评价，进一步的分析应该包括技术与模式的适用性、生产产品的国际与国内竞争力、环境影响的程度与范围等方面。借鉴相关学科的研究成果，逐步建立适宜的生态农业评价方法与评价指标体系。另外，尽快制订生态农业过程与生产产品的标准，为生态农业在更大范围推广打下基础。

（5）为了发展生态农业，必须尽快完成从计划管理向市场调节转化，以生态型产业代替污染型产业。在此过程中，需要面向国内、国外两个市场，以市场为导向，因地制宜地确定农业的发展方针。为此需要形成引导各类资本介入生态农业建设的机制，形成各部门和利益主体积极参与的多元经营机制，以及建立科学、健全、公平的效益补偿机制。

（6）逐步实现生态农业的结构调整，建立既符合国情与地区特点、又适应国际市场需要的新的生态农业生产方式。未来生态农业结构的调整与发展方向，应当面向世界经济的全球化特点，立足两种资源，面向国外、国内两个市场。因此，应打破学科界限与区域界限，充分利用不同学科专家的知识，着力发展优质高效、保护环境、面向国际市场、独具特色的生态农业模式。

（7）建立有利于生态农业发展的组织管理体系。改革开放以来，农村所依托的以家庭承包为基础的农户生产经营形式有效地调动了农民生产的积极性。但是随着市场经济的发展，由于生产规模小、分散化程度高、生产方式和技术不能适应市场多样化的要求等弊端，小农经济与大市场之间的矛盾越来越突出。为此，农村改革应当充分考虑生态农业发展的要求，建立能够促进生态农业发展的模式，如"公司＋农户""工厂＋农户""管理部门＋技术服务部门＋农户＋营销部门"等多种模式。其基本特征是公司带领农户进入市场，把信息、生产、加工、销售等环节有机结合起来。国家要不断加大对产业化经营和龙头企业的扶持力度，大力发展多种经营和特色农业，积极培育农村主导产业。

（8）建立促进生态农业发展的激励政策与监督机制。从政策上帮扶、资金上支持、技术上指导、价格上倾斜，以提高农民发展生态农业的积极性。建立生态农业发展的监督机制，真正实现生态农业产品的无害化。必要的监督十分重要，因为在一些地方，并没有真正提供绿色产品，在一些生态农业模式中，还存在着不同形式的污染，距离生态农业的内涵还有不小的差距。

（9）积极开展以生态农业为核心的能力建设。这种能力建设应当从4个层次上进行：一是决策层的能力建设，需要提高生态农业在促进区域可持续发展中重要性的认识，以制定促进生态农业发展的适宜政策；二是业务人员的能力建设，使生态农业的管理人员逐渐成为掌握生态农业基本理论、方法，并具有管理技能和所涉学科知识的通才；三是技术人员的能力建设，通过脱产与不脱产培训，使广大技术人员迅速获得生态农业发展中的最新技术和知识；四是农民的能力建设，要始终牢记农民是生态农业建设的主体，应当对农民、牧民、渔民、樵夫、果农和其他土地与水体的使用者给予适当的支持。通过示范、培训和经验交流，促进生态农业知识和技术的传播。在可能的情况下，充分发挥公共媒体的作用。例如，电台、电视台、报纸甚至网络等都将对能力建设起到积极的推广传播作用。

（10）积极推进国际合作。从信息交流与人员交流到合作培训与研讨，合作研究与开发，都应当进一步得到发展。许多国家的政府和国际组织［如 FAO、UNDP、UNEP、UNESCO、联合国大学（United Nations University，UNU）、国际林业研究组织联盟（International Union of Forestry Research Organization，IUFRO）、国际农用林研究中心（International Center for Research in Agroforestry，ICRAF）等］都已经并将会继续在这方面起到积极的作用。

参 考 文 献

艾云，周雪光，2017. 国家治理逻辑与民众抗争形式：一个制度主义视角的分析[J]. 社会学评论，5（4）：3-16.

白晋湘，蒋才芳，石东，2012. 武陵山区民族山寨旅游与生态农业的产业融合与发展[J]. 吉首大学学报（自然科学版），33（5）：102-105，109.

白艳莹，闵庆文，李静，2016. 哈尼梯田生态系统森林土壤水源涵养功能分析[J]. 水土保持研究，23（2）：166-170.

柏会子，肖登攀，刘剑锋，等，2018. 1965—2014年华北地区极端气候事件与农业气象灾害时空格局研究[J]. 地理与地理信息科学，34（5）：99-105.

曹博，赵芝俊，2017. 高标准农田建设的政府和社会资本合作模式：经验、问题和对策[J]. 世界农业（10）：4-9.

曹志平，2013. 生态农业未来的发展方向[J]. 中国生态农业学报，21（1）：29-38.

陈光燕，2016. 我国西南地区农村妇女多维贫困问题研究[D]. 雅安：四川农业大学.

陈莫凡，黄建华，2018. 政府补贴下生态农业技术创新扩散机制——基于"公司+合作社+农户"模式的演化博弈分析[J]. 科技管理研究，38（4）：34-45.

陈新仁，2017. "猪-沼-果（草）-鱼-鸭"山塘水库立体养殖技术[J]. 安徽农学通报，25（14）：134-135.

陈玉华，田富洋，闫银发，等，2018. 农作物秸秆综合利用的现状、存在问题及发展建议[J]. 中国农机化学报，39（2）：67-73.

程方武，宋功明，王贵田，等，2005. 暗管排水技术在鲁北应用的探讨[C]//山东水利学会第十届优秀学术论文集. 东营：山东省科学技术协会.

戴培超，张绍良，刘润，等，2019. 生态系统文化服务研究进展——基于Web of Science分析[J]. 生态学报，39（5）：1863-1875.

戴维·思罗斯比，2011. 经济学与文化[M]. 王志标，张峥嵘，译. 北京：中国人民大学出版社.

邓刚，2010. 暗管排水系统土壤渗流氮素拦截效果试验研究[D]. 扬州：扬州大学.

董超，徐福荣，杨文毅，等，2013. 云南元阳哈尼梯田水稻地方品种月亮谷的遗传变异分析[J]. 中国水稻科学，27（2）：137-144.

董贯仓，田相利，董双林，等，2007. 几种虾、贝、藻混养模式能量收支及转化效率的研究[J]. 中国海洋大学学报（自然科学版），37（6）：899-906.

董珂，2003. 谈中西方首都城市轴线发展背景[J]. 城市规划，27（12）：89-92.

杜鹏，2019. 论乡村治理的村庄政治基础——基于实体主义的政治分析框架[J]. 南京农业大学学报（社会科学版），19（4）：58-68，157-158.

段春梅，薛泉宏，呼世斌，等，2010. 连作黄瓜枯萎病株、健株根域土壤微生物生态研究[J]. 西北农林科技大学学报（自然科学版），38（4）：143-150.

段顺琼，王静，徐志芬，等，2011. 元阳哈尼梯田降水和蒸发量变化特征及趋势分析[J]. 节水灌溉（11）：9-12.

范泽孟，李赛博，2021. 1990 年来中国城镇建设用地占用耕地的效率和驱动机理时空分析[J]. 生态学报，41（1）：374-387.

冯剑侠，2019. 全球南方视角下的 ICT 赋权与乡村妇女发展——以孟加拉国"信息女士"项目为个案[J]. 妇女研究论丛（4）：39-48.

冯馨，2019. 农村人口年龄结构对农民工就业的影响——基于省级面板数据的实证研究[J]. 重庆理工大学学报（社会科学），33（6）：71-80.

付伟，王宁，庞芳，等，2017. 土壤微生物与植物入侵：研究现状与展望[J]. 生物多样性，25（12）：1295-1302.

高春雨，李宝玉，邱建军，2009. 中国生态农业组织管理研究[J]. 中国农学通报，25（24）：392-397.

高道才，林志强，2015. 农业科技推广服务体制和运行机制创新研究[J]. 中国海洋大学学报（社会科学版）（1）：93-97.

高楠楠，李晓文，诸葛海锦，2013. 白洋淀台田结构与水体富营养化程度变化的关系研究[J]. 湿地科学，11（2）：259-265.

高尚宾，徐志宇，靳拓，等，2019. 乡村振兴视角下中国生态农业发展分析[J]. 中国生态农业学报，27（2）：163-168.

谷孝鸿，胡文英，李宽意，2000. 基塘系统改良低洼盐碱地环境效应研究[J]. 环境科学学报（5）：569-573.

顾东祥，杨四军，杨海，2015. "猪-沼-果（谷、菜）-鱼"循环模式应用研究[J]. 大麦与谷类科学（3）：64-65.

关明昊，2022. 非耕地对耕地系统景观异质性的影响——以下辽河平原四个典型县域为例[D]. 沈阳：沈阳农业大学.

郭炜，于洪久，于春生，等，2017. 秸秆还田技术的研究现状及展望[J]. 黑龙江农业科学，277（7）：109-111.

郝朴宁，郝乐，2014. 民族文化记忆和人类文化记忆的融合[J]. 学术探索（4）：110-114.

何军，李庆，张姝弛，2010. 家庭性别分工与农业女性化——基于江苏 408 份样本家庭的实证分析[J]. 南京农业大学学报（社会科学版），10（1）：50-56.

何露，闵庆文，张丹，2010. 农业多功能性多维评价模型及其应用研究——以浙江省青田县为例[J]. 资源科学，32（6）：1057-1064.

何思源，闵庆文，李禾尧，等，2020．重要农业文化遗产价值体系构建及评估（Ⅰ）：价值体系构建与评价方法研究[J]．中国生态农业学报，28（9）：1314-1329．

贺鹏，张海钟，2019．对我国失地农民再就业问题的思考[J]．农村经济与科技，30（3）：205-206．

贺秀祥，2020．有机农业种植的土壤培肥技术分析[J]．现代农业研究，26（4）：46-47．

贺雪峰，2005．乡村治理研究的三大主题[J]．社会科学战线（1）：219-224．

洪涛，杨艳，2009．世界首株水稻出于万年[J]．农业考古（4）：31-34．

侯相成，李涵，王寅，等，2023．吉林省县域农业绿色发展指标时间变化特征[J]．中国生态农业学报，31（5）：807-819．

侯新渠，刘爽，2019．打造平台型枢纽组织，提升区域软实力——以四川省成都市蒲江县社区营造能力提升项目为例[J]．社会治理（2）：64-68．

胡春胜，陈素英，董文旭，2018．华北平原缺水区保护性耕作技术[J]．中国生态农业学报，26（10）：1537-1545．

胡光志，陈雪，2015．以家庭农场发展我国生态农业的法律对策探讨[J]．中国软科学（2）：13-21．

胡平波，2018．支持合作社生态化建设的区域生态农业创新体系构建研究[J]．农业经济问题（12）：94-106．

胡文英，角媛梅，范弢，2008．哈尼梯田土地利用空间格局及其变化的信息图谱研究[J]．地理科学，28（3）：121-126．

胡雪萍，董红涛，2015．构建绿色农业投融资机制须破解的难题及路径选择[J]．中国人口·资源与环境，25（6）：152-158．

胡玉坤，2012．农村妇女问题——应对全球化挑战的国际政策干预[J]．中国农业大学学报（社会科学版），29（3）：44-56．

黄和平，王智鹏，2019．农业土地资源利用效率评价及改善路径研究——以江西省11个设区市为例[J]．中国生态农业学报（中英文），27（5）：803-814．

江志兵，曾江宁，陈全震，等，2006．大型海藻对富营养化海水养殖区的生物修复[J]．海洋开发与管理（4）：57-63．

姜彦坤，赵继伦，2020．日本农业结构变革及对当前中国农业转型的启示[J]．世界农业，496（8）：50-56，66，140．

蒋高明，郑延海，吴光磊，等，2017．产量与经济效益共赢的高效生态农业模式：以弘毅生态农场为例[J]．科学通报，62（4）：289-297．

蒋建平，1990．泡桐栽培学[M]．北京：中国林业出版社．

焦美玲，2015．基于农户意愿的农业生态补偿政策研究[D]．南京：南京农业大学．

敬志红，杨中，2016．论农业产业结构调整的政策性金融服务体系[J]．中国农业资源与区划，37（11）：145-150．

角媛梅，陈国栋，肖笃宁，2003．亚热带山地梯田农业景观稳定性探析——以元阳哈尼梯田农业景观为例[J]．云南师范大学学报（自然科学版），23（2）：55-60．

角媛梅，杨有洁，胡文英，等，2006．哈尼梯田景观空间格局与美学特征分析[J]．地理研究，25（4）：624-632．

孔艳芳，2017．农村剩余劳动力转移途径的比较研究——基于2011年浙江省流动人口动态监测数据的实证分析[J]．山东财经大学学报，29（4）：60-71．

赖运成，2019．农村留守妇女心理健康：现状、影响因素与对策[J]．云南农业大学学报（社会科学），13（3）：30-35．

李昌平，2014．当前农业农村发展的主要问题和路线政策选择[J]．经济导刊（12）：70-74．

李成才，2015．扎实推进精准扶贫精准脱贫努力实现共同富裕全面小康[J]．发展（12）：1．

李恩，孙为平，2010．农民专业合作社生态农业发展的价值研究[J]．农业经济（11）：38-39．

李禾尧，何思源，闵庆文，等，2020．重要农业文化遗产价值体系构建及评估（Ⅱ）：江苏兴化垛田传统农业系统价值评估[J]．中国生态农业学报，28（9）：1370-1381．

李明，王思明，2015．多维度视角下的农业文化遗产价值构成研究[J]．中国农史（2）：125-132．

李明秋，赵伟霞，2010．耕地资源的价值体系及其经济补偿机制研究[J]．江西农业学报，22（9）：152-154．

李娜娜，2013．中国主要稻田种养模式生态分析[D]．杭州：浙江大学．

李文华，2003．生态农业——中国可持续农业的理论与实践[M]．北京：化学工业出版社．

李文华，2018．中国生态农业的回顾与展望[J]．农学学报，8（1）：145-149．

李文华，成升魁，梅旭荣，等，2016．中国农业资源与环境可持续发展战略研究[J]．中国工程科学，18（1）：56-64．

李文华，刘某承，闵庆文，2010．中国生态农业的发展与展望[J]．资源科学，32（6）：1015-1021．

李文华，刘某承，闵庆文，2012．农业文化遗产保护：生态农业发展的新契机[J]．中国生态农业学报，20（6）：663-667．

李文华，刘某承，张丹，2009．用生态价值观权衡传统农业与常规农业的效益——以稻鱼共作模式为例[J]．资源科学，31（6）：899-904．

李向东，季书勤，王汉芳，等，2009．麦棉套种模式的生态功能与利用[J]．生态学杂志，28（12）：2607-2612．

李兴平，2018．转型期农民环境抗争的行为逻辑——基于政治机会结构的检视[J]．宁夏社会科学（1）：123-128．

李颖，顾卫，钞锦龙，等，2020．"台田-浅池系统"小气候的温度特征[J]．气象与环境科学，43（3）：9-17．

李勇刚，2016．收入差距、房价水平与农村剩余劳动力转移——基于面板联立方程模型的经验分析[J]．华中科技大学学报（社会科学版），30（1）：83-91．

李玉恒，阎佳玉，宋传垚，2019．乡村振兴与可持续发展——国际典型案例剖析及其启示[J]．地理研究，38（3）：595-604．

梁伟红，叶露，李玉萍，2018．基于生态视角的海南省品牌农业与产业扶贫协同发展对策研究[J]．热带农业科学，38（7）：104-110．

梁玉刚，陈奕沙，陈璐，等，2021．垄作稻-鱼-鸡共生对水稻茎秆倒伏、穗部性状及产量的影响[J]．中国生态农业学报（中英文），29（2）：379-388．

林文雄，陈婷，周明明，2012．农业生态学的新视野[J]．中国生态农业学报，20（3）：253-264．

刘承晨，赵富伟，吴晓霞，等，2015．云南哈尼梯田当前栽培水稻遗传多样性及群体结构分析[J]．中国水稻科学，29（1）：28-34．

刘鸿，2010．农村妇女土地承包经营权法律保护的研究[D]．福州：福建农林大学．

刘某承，伦飞，张灿强，等，2012．传统地区稻田生态补偿标准的确定——以云南哈尼梯田为例[J]．中国生态农业学报，20（6）：703-709．

刘某承，张丹，李文华，2010．稻田养鱼与常规稻田耕作模式的综合效益比较研究——以浙江省青田县为例[J]．中国生态农业学报，18（1）：164-169．

刘朋虎，黄颖，赵雅静，等，2017．高效生态农业转型升级的战略思考与技术对策研究[J]．生态经济，33（8）：105-110，133．

刘芹英，2016．森林型自然保护区的文化价值评价研究[D]．福州：福建农林大学．

刘树堂，秦韧，王学锋，等，2005．滨海盐碱地"上农下渔"改良模式对土壤肥力的影响[J]．山东农业科学（2）：50-51．

刘伟峰，刘大海，管松，等，2021．海洋牧场生态效益的内涵与提升路径[J]．中国环境管理，13（2）：33-38，54．

刘文政，李问盈，郑侃，等，2017．我国保护性耕作技术研究现状及展望[J]．农机化研究，39（7）：256-261，268．

刘小京，张喜英，2018．农田多水源高效利用理论与实践[M]．石家庄：河北科学技术出版社．

刘晓梅，余宏军，李强，等，2016．有机农业发展概述[J]．应用生态学报，27（4）：1303-1313．

刘亚男，2013．北京城中轴线文化价值评价研究[D]．北京：首都师范大学．

刘彦随，刘玉，2010．中国农村空心化问题研究的进展与展望[J]．地理研究，29（1）：35-42．

刘宗滨，宋维峰，马菁，2016．红河哈尼梯田空间分布特征研究[J]．西南林业大学学报，36（3）：153-157．

鲁莎莎，朱厚强，吴成亮，2015．不同林区劳动力非农转移影响因素比较分析——基于河北、湖南、福建3省的实地调查[J]．北京林业大学学报（社会科学版），14（1）：64-70．

罗雪峰，熊伟，杨灿芳，等，2010．重庆三峡库区特色农业循环经济研究——以"猪-沼-橘"生态农业模式为例[J]．中国生态农业学报，18（2）：405-409．

骆世明，2007．传统农业精华与现代生态农业[J]．地理研究，26（3）：609-615．

骆世明，2008．生态农业的景观规划、循环设计及生物关系重建[J]．中国生态农业学报，16（4）：805-809．

骆世明，2013．农业生态学的国外发展及其启示[J]．中国生态农业学报，21（1）：14-22．

骆世明，2015．构建我国农业生态转型的政策法规体系[J]．生态学报，35（6）：2020-2027．

骆世明，2017．农业生态转型态势与中国生态农业建设路径[J]．中国生态农业学报，25（1）：1-7．

骆世明，2018．中国生态农业制度的构建[J]．中国生态农业学报，26（5）：759-770．

骆世明，2020．生态农业确认体系的构建[J]．农业现代化研究，41（1）：1-6．

骆世明，2021．系统论、信息论和控制论与我国农业生态学的发展[J]．中国生态农业学报，29（2）：340-344．

麻吉亮，陈永福，钱小平，2012．气候因素、中间投入与玉米单产增长——基于河北农户层面多水平模型的实证分析[J]．中国农村经济（11）：11-20．

马亮，李跃东，田春晖，等，2021．稻蟹生态种养模式优质食味粳稻的稻米营养品质分析[J]．中国生态农业学报，29（4）：716-724．

马庆涛，陈伟洲，康叙钧，等，2011．太平洋牡蛎与龙须菜套养技术[J]．海洋与渔业（11）：52-53．

马文奇，马林，张建杰，等，2020．农业绿色发展理论框架和实现路径的思考[J]．中国生态农业学报，28（8）：1103-1112．

马晓慧，车喜庆，王井士，等，2019．稻蟹共作与常规稻田蜘蛛群落组成及多样性分析[J]．中国生态农业学报，27（8）：1157-1162．

毛玉泽，杨红生，王如才，2005．大型藻类在综合海水养殖系统中的生物修复作用[J]．中国水产科学，12（2）：225-231．

毛玉泽，杨红生，周毅，等，2006．龙须菜的生长、光合作用及其对扇贝排泄氮磷的吸收[J]．生态学报，26（10）：3225-3231．

孟庆法，侯怀恩，1995．黄淮海平原沙区金银花与农桐间作模式研究[J]．生态经济（60）：43-45．

孟亚利，王立国，周治国，等，2005．麦棉两熟复合根系群体对棉花根际非根际土壤酶活性和土壤养分的影响[J]．中国农业科学（5）：904-910．

闵庆文，张碧天，2018．中国的重要农业文化遗产保护与发展研究进展[J]．农学学报，83（1）：227-234．

缪建群，王志强，杨文亭，等，2017．崇义客家梯田生态系统服务功能[J]．应用生态学报，28（5）：1642-1652．

聂斌，马玉林，2020．有机农业种植土壤培肥技术要点浅析[J]．南方农业，14（29）：5-6．

欧阳志云，王效科，苗鸿，1999．中国陆地生态系统服务功能及其生态经济价值的初步研究[J]．生态学报（5）：19-25．

庞嫣嫣，2015．崇明生态农业战略下的劳动力就业研究[D]．上海：华东政法大学．

戚如鑫，魏涛，王梦芝，等，2018．尾菜饲料化利用技术及其在畜禽养殖生产中的应用[J]．动物营养学报，30（4）：1297-1302．

乔玉辉，王茂华，徐娜，等，2013．国际有机农业标准比较及有机认证互认潜力分析[J]．生态经济（3）：50-52．

秦彦，沈守云，吴福明，2010．森林生态系统文化功能价值计算方法与应用——以张家界森林公园为例[J]．中南林业科技大学学报，30（4）：26-30．

邱楚雯，王韩信，施永海，2021．鱼菜共生系统中植物根系微生物及氮转化影响因素研究进展[J]．复旦学报（自然科学版），60（1）：124-132．

任国忠，张起信，王继成，等，1991．移植大叶藻提高池养对虾产量的研究[J]．海洋科学（1）：52-57．

邵晓琰，2009．扶持生态农业发展的财政支出政策刍议[J]．哈尔滨商业大学学报（社会科学版）（1）：97-100．

沈岳飞，牛希华，2021．农田水利工程中高效节水灌溉技术的应用[J]．工程技术研究，6（1）：249-250．

石佳，田军仓，朱磊，2017．暗管排水对油葵地土壤脱盐及水分生产效率的影响[J]．灌溉排水学报，36（11）：46-50．

石嫣，程存旺，雷鹏，等，2011．生态型都市农业发展与城市中等收入群体兴起相关性分析——基于"小毛驴市民农园"社区支持农业（CSA）运作的参与式研究[J]．贵州社会科学（2）：55-60．

时少华，孙业红，2016．社会网络分析视角下世界文化遗产地旅游发展中的利益协调研究——以云南元阳哈尼梯田为例[J]．旅游学刊，31（7）：52-64．

时少华，孙业红，2017．遗产地旅游发展利益网络治理研究——基于指数随机图模型，以农业文化遗产地云南哈尼梯田为例[J]．经济管理（2）：147-162．

宋军卫，2012．森林的文化功能及其评价研究[D]．北京：中国林业科学研究院．

苏伯儒，刘某承，李志东，2023．农业文化遗产生态系统服务的复合增益——以浙江瑞安滨海塘河台田系统为例[J]．生态学报，43（3）：1016-1027．

孙刚，盛连喜，冯江，2000．生态系统服务的功能分类与价值分类[J]．环境科学动态（1）：19-22．

孙美堂，2006．从价值到文化价值——文化价值的学科意义与现实意义[J]．学术研究（7）：44-49．

孙业红，周洪建，魏云洁，2015．旅游社区灾害风险认知的差异性研究——以哈尼梯田两类社区为例[J]．旅游学刊，30（12）：46-54．

谈存峰，王生林，2012．西北干旱半干旱区农业多功能价值分析——以兰州市为例[J]．西北农林科技大学学报（社会科学版），12（4）：41-44．

谭攀，王士超，付同刚，等，2021．我国暗管排水技术发展历史、现状与展望[J]．中国生态农业学报，29（4）：633-639．

田志宏，2017．农业文化遗产与地理标志产品保护与开发[C]//全球重要农业文化遗产与地理标志产品研讨会．北京．

万方浩，郭建英，王德辉，2002．中国外来入侵生物的危害与管理对策[J]．生物多样性（1）：119-125．

王宝义，2016．中国高效生态农业发展的影响因素及未来趋势[J]．现代经济探讨（3）：42-46．

王斌，闵庆文，杜波，等，2013．会稽山古香榧群农业文化遗产生态服务价值评价[J]．中国生态农业学报，21（6）：779-785．

王臣立，徐丹，林文鹏，2021．红河哈尼梯田世界文化景观遗产的遥感监测与土地覆盖变化[J]．生态环境学报，30（2）：233-241．

王丰，赖彦岑，唐宗翔，等，2021．浮萍覆盖对稻田杂草群落组成及多样性的影响[J]．中国生态农业学报，29（4）：672-682．

王付春，2016．安徽省农村女性农业生产参与研究[D]．合肥：安徽大学．

王国萍，闵庆文，何思源，等，2020．生态农业的文化价值解析[J]．环境生态学，2（8）：16-22．

王焕明，李少芬，陈浩如，等，1993．江蓠与新对虾、青蟹混养试验[J]．水产学报，17（4）：273-281．

王积田，张芳，2005．农业自然资源价值核算体系的建立及应用[J]．农场经济管理（5）：30-32．

王立刚，屈锋，尹显智，等，2008．南方"猪-沼-果"生态农业模式标准化建设与效益分析[J]．中国生态农业学报，16（5）：1283-1286．

王强盛，2018．稻田种养结合循环农业温室气体排放的调控与机制[J]．中国生态农业学报，26（5）：633-642．

王清华，2016．哈尼族传统家庭养老方式的现代恢复与发展[J]．云南社会科学（6）：89-93．

王少平，王玉珏，2021．生态农业发展中对植保新技术的推广分析[J]．农业开发与装备，230（2）：108-109．

王松良，2019．协同发展生态农业与社区支持农业促进乡村振兴[J]．中国生态农业学报，27（2）：212-217．

王学，李秀彬，辛良杰，2013．河北平原冬小麦播种面积收缩及由此节省的水资源量估算[J]．地理学报，68（5）：694-704．

王雪芹，2021．我国土壤污染问题现状及防治策略[J]．化工管理（6）：137-138．

王雁，吕冬伟，田雨，等，2020．大型海藻、海草在生态养殖中的作用及在海洋牧场中的应用[J]．湖北农业科学，59（4）：124-128．

王云飞，胡业方，叶柯霖，2013．社会转型与农村留守妇女角色地位的转变[J]．安徽农业大学学报（社会科学版），22（4）：1-5．

卫伟，余韵，贾福岩，等，2013．微地形改造的生态环境效应研究进展[J]．生态学报，33（20）：6462-6469．

文波龙，任国，张乃明，2009．云南元阳哈尼梯田土壤养分垂直变异特征研究[J]．云南农业大学学报：自然科学版，24（1）：78-81．

吴慧芳，2011．政府绩效评估体系的基本框架与构建方法[J]．山东师范大学学报（人文社会科学版），56（2）：89-92．

吴卫华，2003．国外有机农业标准[J]．中国食物与营养（2）：60-62．

吴芸紫，刘章勇，蒋哲，等，2016．有机农业生态系统服务功能价值评价[J]．安徽农业科学，44（1）：146-148．

肖体琼，何春霞，凌秀军，等，2010．中国农作物秸秆资源综合利用现状及对策研究[J]．世界农业（12）：31-33.

肖筱成，谌学珑，刘永华，等，2001．稻田主养彭泽鲫防治水稻病虫草害的效果观测[J]．江西农业科技（4）：45-46.

谢高地，张彩霞，张雷明，等，2015．基于单位面积价值当量因子的生态系统服务价值化方法改进[J]．自然资源学报，30（8）：1243-1254.

谢高地，甄霖，鲁春霞，等，2008．一个基于专家知识的生态系统服务价值化方法[J]．自然资源学报，23（5）：911-919.

谢坚，2011．农田物种间相互作用的生态系统功能——以全球重要农业文化遗产"稻鱼系统"为研究范例[D]．杭州：浙江大学.

徐福荣，汤翠凤，余腾琼，等，2010a．中国云南元阳哈尼梯田种植的稻作品种多样性[J]．生态学报，30（12）：262- 273.

徐福荣，张恩来，董超，等，2010b．云南元阳哈尼梯田地方稻种的主要农艺性状鉴定评价[J]．植物遗传资源学报，11（4）：413-417.

徐福荣，张恩来，董超，等，2010c．云南元阳哈尼梯田两个不同时期种植的水稻地方品种表型比较[J]．生物多样性，18（4）：365-372.

徐鹏程，尹吉祥，周映梅，等，1993．桐粮间作速生丰产综合技术试验研究[J]．甘肃林业科技（2）：6-11.

徐祥玉，张敏敏，彭成林，等，2017．稻虾共作对秸秆还田后稻田温室气体排放的影响[J]．中国生态农业学报，25（11）：1591-1603.

徐亚楠，张绪良，张荣华，等，2014．山东省生态农业的模式、布局与发展对策[J]．中国农学通报，30（14）：81-86.

徐远涛，闵庆文，白艳莹，等，2013．会稽山古香榧群农业多功能价值评估[J]．生态与农村环境学报，29（6）：717-722.

许泽宁，高晓路，吴丹贤，等，2019．2000—2010年中国农村人力资源格局的重构[J]．地理科学进展，38（8）：1259-1270.

薛领，胡孝楠，陈罗烨，2016．新世纪以来国内外生态农业综合评估研究进展[J]．中国人口•资源与环境，26（6）：1-10.

薛兆玲，2017．我国生态农业发展的财政政策支持研究[J]．产业与科技论坛，16（22）：33-34.

闫飞，吴德胜，孙长征，等，2016．园林绿化废弃物堆肥处理新技术——密闭式堆肥反应器[J]．现代园艺（6）：93-95.

杨滨娟，2012．秸秆还田及研究进展[J]．农学学报，2（5）：1-4.

杨富民，张克平，杨敏，2014．3种尾菜饲料化利用技术研究[J]．中国生态农业学报，22（4）：491-495.

杨红生，周毅，1998．滤食性贝类对养殖海区环境影响的研究进展[J]．海洋科学，22（2）：42-44．

杨京彪，夏建新，冯金朝，等，2018．基于民族生态学视角的哈尼梯田农业生态系统水资源管理[J]．生态学报，38（9）：303-311．

杨林林，张海文，韩敏琦，等，2015．水肥一体化技术要点及应用前景分析[J]．安徽农业科学，43（16）：23-25，28．

杨路明，马孟丽，2018．自媒体旅游信息价值对生态保护型景区旅游者消费决策行为的影响[J]．生态经济，34（6）：144-149．

杨伦，刘某承，闵庆文，等，2017．哈尼梯田地区农户粮食作物种植结构及驱动力分析[J]．自然资源学报，32（1）：28-41．

杨瑞珍，陈印军，2017．中国现代生态农业发展趋势与任务[J]．中国农业资源与区划，38（5）：167-171．

杨曙辉，宋天庆，陈怀军，2016．中国农业生物多样性：危机与诱因[J]．农业科技管理，35（4）：5-8，28．

杨晓明，2021．新时期农业种植高效节水灌溉技术选择研究[J]．农业开发与装备，232（4）：80-81．

杨治平，刘小燕，黄璜，等，2004．稻田养鸭对稻飞虱的控制作用[J]．湖南农业大学学报（自然科学版），30（2）：103-106．

杨子生，2018．山地梯田综合利用模式与扶贫开发效应——贵州从江稻鱼鸭复合生态农业系统与扶贫成效分析[C]//中国自然资源学会土地资源研究专业委员会，中国地理学会农业地理与乡村发展专业委员会．2018中国土地资源科学创新与发展暨倪绍祥先生学术思想研讨会论文集．南京：南京师范大学出版社：61-67．

姚敏，崔保山，2006．哈尼梯田湿地生态系统的垂直特征[J]．生态学报，26（7）：2115-2124．

叶敬忠，王维，2018．改革开放四十年来的劳动力乡城流动与农村留守人口[J]．农业经济问题（7）：14-22．

易文裕，程方平，熊昌国，等，2017．农业水肥一体化的发展现状与对策分析[J]．中国农机化学报，38（10）：111-115，120．

于平，盛杰，2019．土壤重金属污染治理方向[J]．乡村科技（36）：116-117．

袁和第，2020．黄土丘陵沟壑区典型小流域水土流失治理技术模式研究[D]．北京：北京林业大学．

曾展发，2019．从"三农"问题角度分析我国农村社会问题[J]．安徽农业科学，47（15）：238-240，245．

查智琴，角媛梅，刘志林，等，2018．哈尼梯田湿地景观水体富营养化及截留效应评价[J]．生态学杂志，37（11）：3413．

张爱平，侯兵，马楠，2017．农业文化遗产地社区居民旅游影响感知与态度——哈尼梯田的生计影响探讨[J]．人文地理，32（1）：144-150．

张国庆，刘思莹，所丹丹，2020．新旧有机产品国家标准标识与管理体系部分对比分析[J]．中国林副特产（4）：109-110．

张晴，程卓，刘博，等，2022．云南红河哈尼梯田生态系统的资源植物多样性与传统知识[J]．生态与农村环境学报，38（10）：1258-1264．

张生瑞，钟林生，周睿，等，2017．云南红河哈尼梯田世界遗产区生态旅游监测研究[J]．地理研究，35（5）：887-898．

张婷，李世东，缪作清，2013．"秸秆降解生防菌强化技术"对黄瓜连作土壤微生物区系的影响[J]．中国生态农业学报，21（11）：1416-1425．

张永丽，郭世慧，2019．农户家庭禀赋、结构制约与劳动力资源配置[J]．华南农业大学学报（社会科学版），18（3）：67-78．

张永勋，刘某承，闵庆文，等，2015．农业文化遗产地有机生产转换期农产品价格补偿测算——以云南省红河县哈尼梯田稻作系统为例[J]．自然资源学报，30（3）：374-383．

张予，林惠凤，李文华，2015．生态农业：农村经济可持续发展的重要途径[J]．农村经济（7）：95-99．

赵光，李放，2012．非农就业、社会保障与农户土地转出——基于30镇49村476个农民的实证分析[J]．中国人口·资源与环境，22（10）：102-110．

赵振利，翟晓巧，2020．泡桐农林复合经营模式及效益评价[J]．河南林业科技，40（4）：6-7，15．

郑军，王启敏，2017．农业保险与精准扶贫：发展困境与改革创新[J]．沈阳大学学报（社会科学版），19（5）：560-565．

中国国家认证认可监督管理委员会，2019．有机产品　生产、加工、标识与管理体系要求：GB/T 19630-2019[S]．北京：中国标准出版社．

钟功甫，1980．珠江三角洲的"桑基鱼塘"——一个水陆相互作用的人工生态系统[J]．地理学报，35（3）：200-209，277-278．

钟颖，沙之敏，顾麦云，等，2021．基于能值分析的稻蛙生态种养模式效益评价[J]．中国生态农业学报，29（3）：572-580．

周素芬，张晖，陈翿，等，2019．黄淮海地区农林复合经营模式总结分析[J]．中国林业经济（2）：6-8，11．

周扬，郭远智，刘彦随，2018．中国县域贫困综合测度及2020年后减贫瞄准[J]．地理学报，73（8）：1478-1493．

祝光耀，张塞，2016．生态文明建设大辞典[M]．南昌：江西科学技术出版社．

宗路平，角媛梅，李石华，等，2015．哈尼梯田景观水源区土壤水分时空变异性[J]．生态学杂志，34（6）：1650-1659．

FAO，2021. 了解鱼菜共生系统的七项规则[EB/OL]. （2021-05-11）[2022-03-02]. http://www.fao.org/ zhc/detail- events/ zh/c/326178/.

WALL G，孙业红，吴平，2014. 梯田与旅游——探索梯田可持续旅游发展路径[J]. 旅游学刊，29（4）：12-18.

BIANCHI F J J A, BOOIJ C J H, TSCHARNTKE T, 2006. Sustainable pest regulation in agricultural landscapes: A review on landscape composition, biodiversity and natural pest control[J]. Proceedings of the Royal Society B: Biological Sciences, 273(1595): 1715-1727.

BOHLEN P J, HOUSE G, 2009. Sustainable agroecosystem management: Integrating ecology, economics, and society[M]. Boca Raton: CRC Press.

COSTANZA R, D' ARGE R, GROOT R, et al., 1997. The value of the world's ecosystem services and natural capital[J]. Nature, 387(6630): 253-260.

DAILY G C, 1997. Nature services: Societal dependence on natural ecosystems[M]. Washington D. C.: Island Press.

HEALTH J C, MICHAEL W B, ALAN L K, et al., 1993. Nutrient and sediment retention in Andean Raised-Field agriculture[J]. Nature, 364(8): 131-133.

HOLT-GIMÉNEZ E, 2006. Campesino a campesino: Voices from Latin America's farmer to farmer movement for sustainable agriculture[M]. Oakland: Food First Institute for Food and Development Policy.

IQBAL J, CHEEMA Z A, AN M, 2007. Intercropping of field crops in cotton for the management of purple nutsedge (*Cyperus rotundus* L.)[J]. Plant and Soil, 300: 163-171.

MEA, 2005. Ecosystems and human well-Being: Desertification synthesis[M]. Washington D. C.: Island Press.

MIRAND M, VEDENOV D V, 2001. Innovations of agricultural and natural disaster insurance[J]. American Journal of Agricultural Economics, 3(3): 650-655.

PRIESS J A, MIMLER M, KLEIN A M, et al., 2007. Linking deforestation scenarios to pollination services and economic returns in coffee agroforestry systems[J]. Ecological Applications, 17(2): 407-417.

RENARD D, IRIARTE J, BIRK J J, et al., 2012. Ecological engineers ahead of their time: The functioning of pre-Columbian raised-field agriculture and its potential contributions to sustainability today[J]. Ecological Engineering, 45: 30-44.

SCHWARZ J P, GAO R S, FAHEY D W, et al., 2006. Single-particle measurements of midlatitude black carbon and light-scattering aerosols from the boundary layer to the lower stratosphere[J]. Journal of Geophysical Research: Atmospheres, 111(D16):1-15.

WORLD RESOURCES INSTITUTE, 2003. Ecosystems and Human Well-Being: A framework for assessment[M]. 2nd ed. Washington D. C.: Island Press.

XIE J, HU L, TANG J, et al., 2011. Ecological mechanisms underlying the sustainability of the agricultural heritage rice-fish coculture system[J]. Proceedings of the National Academy of Sciences of the United States of America, 108(50): 19851-19852.

ZHANG R, LIANG H, TIAN C, et al., 2000. Biological mechanism of controlling cotton aphid (Homoptera: aphididae) by the marginal alfalfa zone surrounding cotton field[J]. Chinese Science Bulletin, 45(4): 355-358.

ZHOU W, GANG C C, CHEN Y Z, et al., 2014. Grassland coverage inter-annual variation and its coupling relation with hydrothermal factors in China during 1982-2010[J]. Journal of Geographical Sciences, 24: 593-611.

ZHU Y Y, CHEN H R, FAN J H, et al., 2000. Genetic diversity and disease control in rice[J]. Nature, 406(6797): 718-722.

索　引